高等院校信息技术系列教材

基于工作任务的Java程序设计实验教程（第2版）

刘 杰 袁美玲 宋 锋 冯 君 主 编
刘春霞 李文强 王 欢 马 涛 孙运全 刘启明 副主编

清華大學出版社
北京

内容简介

本书由两篇内容组成，第一篇是与理论教材配套的实验内容，采用任务驱动的方式进行组织，每章都包括几个与Java理论知识以及生活密切相关的实例的练习，每个任务都有详细的实施步骤，读者通过循序渐进的练习，可达到掌握Java语言的知识点、积累开发经验的目标。

第二篇是一个“家庭财务管理系统”的综合应用案例，综合应用了Java的基本语法、Java的程序控制结构、面向对象的分析设计、数据库、图形用户界面、异常处理、JDBC等相关知识，可以作为“Java程序设计”课程的配套设计参考，也可以作为Java团队合作项目的参考。

本书可作为高等院校计算机及相关专业“Java程序设计”课程的实验教材，也可供从事Java程序开发的技术人员参考。

图书在版编目（CIP）数据

基于工作任务的Java程序设计实验教程 / 刘杰等主编. -- 2版. -- 北京 : 清华大学出版社, 2024. 8.
(高等院校信息技术系列教材). -- ISBN 978-7-302-66951-7

Ⅰ. TP312.8

中国国家版本馆CIP数据核字第20248QW583号

责任编辑：白立军　杨　帆
封面设计：刘艳芝
责任校对：刘惠林
责任印制：刘　菲

出版发行：清华大学出版社

网　　址：https://www.tup.com.cn，https://www.wqxuetang.com
地　　址：北京清华大学学研大厦A座　　**邮　　编**：100084
社 总 机：010-83470000　　**邮　　购**：010-62786544
投稿与读者服务：010-62776969，c-service@tup.tsinghua.edu.cn
质量反馈：010-62772015，zhiliang@tup.tsinghua.edu.cn
课件下载：https://www.tup.com.cn，010-83470236

印 装 者：三河市铭诚印务有限公司
经　　销：全国新华书店
开　　本：185mm×260mm　　**印　　张**：16.25　　**字　　数**：397千字
版　　次：2015年8月第1版　2024年9月第2版　　**印　　次**：2024年9月第1次印刷
定　　价：59.00元

产品编号：102353-01

前　言

Java是为了适应智能设备和网络应用而产生的一种程序设计语言,拥有面向对象、跨平台、高性能、分布性和可移植性等特点,是目前被广泛使用的编程语言之一。Java可以用于传统的桌面应用程序的编程,也可以用于家电、智能设备、手持设备、通信设备等嵌入式应用程序的开发,随着网络向着云计算、物联网方向发展,Java语言具有更加广阔的应用市场和应用前景。社会对Java工程师的需求量一直很大,掌握Java语言,能够进行典型的Java应用程序的开发,是对普通高等院校计算机及相关专业学生最基本的能力要求之一。

本书通过通俗易懂的语言和实用生动的例子,以任务驱动的方式带领读者进行上机实验,每个任务都有详细的实施步骤,方便老师和同学操作检验,任务还备有思考、讨论或是任务扩展,使读者能在掌握基本知识点的基础上,达到举一反三。

本书是改版书,在第1版的基础上,新增或修改了以下几个案例,以增强读者的动手实践能力:①第1章任务4修改为使用IntelliJ IDEA集成开发平台开发简单Java程序。IntelliJ IDEA是目前Java工程师必备的开发工具,让读者接触行业开发工具,紧跟技术前沿。②第11章新增任务6猜数字小程序。通过该任务学习Lambda表达式相关的内容,以及通过Lambda表达式进行事件处理的方法。Lambda表达式可以优化代码结构,在Java项目开发中比较常用。③综合应用实例整体替换为家庭财务管理系统软件的开发。相比较原来的图书管理系统,家庭财务管理系统更加贴合读者实际,更易理解系统中各功能模块的划分和实现,并增加了List接口与Map接口相关知识的练习。

全书共分为两篇,第一篇为基础实验篇,第二篇为综合实例篇。

第一篇由16章组成。第1章通过4个任务,介绍JDK环境的安装与配置,使用集成开发平台Eclipse和IntelliJ IDEA进行Java程序的开发,在控制台中使用JDK环境对Java程序进行编译和运行。第2章通过5个任务,介绍常量和变量的定义、取值范围、表达式、转义字符、数据类型转换、注释的使用方法。第3章通过6个任务,介绍了if-else及switch-case选择结构的使用方法。第4章通过6个任务的练习,介绍了for循环、while循环、do-while循环的语法和使用方法,以及结束循环的方法。第5章通过3个任务,对Java中数组的定义和使用方法进行了详细的阐述。第6章通过3个任务,介绍类和对象的概念、定义和使用方法。第7章通过3个任务,介绍继承的概念和在程序中的使用方法。第8章通过2个任务,介绍多态的特点和使用方法。第9章通过2个任务,阐述接口的特点和使用方法。第10章通过5个任务,介绍异常的定义、异常的处理方法、自定义异常及使用方法。第11章通过6个任务,介绍使用图形用户界面开发桌面应用的方法。第12章通过4个任务,介绍输入输出流的使用方法。第13章通过2个任务,介绍List集合和Map集合的使用方法。第14章通过5个任务,介绍网络编程中常用对象的使用方法。第15章通过3个任务,介绍多线程的特点和使用方法。第16章通过"电子信息协会会员管理信息系统"的开发,介绍纯JDBC驱动连接与操作数据库中数据的方法。

第二篇是一个"家庭财务管理系统"的综合应用案例,综合应用了Java的基本语法、

Java 的程序控制结构、面向对象的分析设计、数据库、图形用户界面、异常处理、List 接口与 Map 接口、JDBC 等的相关知识，可以作为 Java 程序设计配套的课程设计参考，也可以作为 Java 团队合作项目的参考。

由于作者水平有限，书中难免存在缺点和欠妥之处，恳请读者批评指正。

作　者

2024 年 4 月

目　录

第一篇　基础实验篇

第二篇　综合实例篇

第一篇

基础实验篇

本篇内容与教材对应，通过各个章节、各个任务循序渐进的练习，使读者能够掌握Java程序的编写、编译的开发方法，Java集成开发环境Eclipse的使用方法，Java的基础语法、标识符的定义方法，Java的程序控制结构，数组的定义与使用方法，类和对象的定义，类的封装、继承、多态的定义、特点及应用方法，接口的定义，Java中的异常处理方法，图形用户界面的组件、布局、界面元素及界面的设计方法，输入输出流的应用，Java集合框架的定义及应用，Java网络编程的知识，Java多线程，使用JDBC驱动连接数据库进行数据操作的知识等。

每章都由实验目的、实验任务、实验内容3部分组成。实验目的是练习完成本章的实验后所能掌握的知识点；实验任务是与理论知识以及实际生活相关的案例任务，每个任务都描述了完成这个任务所能掌握的知识点、该任务的实施步骤、运行结果，大部分任务还有思考、讨论和任务拓展。通过本篇各个章节的练习，使读者能在掌握基本知识点的基础上，达到举一反三的目的。

第 1 章　打开 Java 之门

1.1　实验目的

(1) 掌握 JDK 的安装与配置。

(2) 掌握使用记事本编写 Java 程序的方法。

(3) 掌握使用控制台编译运行 Java 程序的方法。

(4) 掌握 Eclipse 的下载及安装方法。

(5) 掌握在 Eclipse 集成开发平台中编写、运行 Java 程序的方法。

(6) 掌握在 IntelliJ IDEA 集成开发平台中编写、运行 Java 程序的方法。

1.2　实验任务

(1) 任务 1：使用记事本编写 Java 程序并编译运行。

(2) 任务 2：联合编译运行多个 Java 程序。

(3) 任务 3：使用 Eclipse 集成开发平台开发简单 Java 程序。

(4) 任务 4：使用 IntelliJ IDEA 集成开发平台开发简单 Java 程序。

1.3　实验内容

1.3.1　任务 1　使用记事本编写 Java 程序并编译运行

1. 任务目的

(1) 掌握使用记事本编写 Java 程序的方法。

(2) 掌握在控制台中使用 JDK 编译与运行 Java 程序的方法。

2. 任务描述

在 JDK 开发环境下载、安装与配置(关于 JDK 的下载、安装与配置请参考课本)完成后，使用记事本编写一个程序 HelloJava.java，在控制台运行程序后，显示“Hello Java World，I'm coming!”。

3. 实施步骤

1) 新建文件

在指定的文件夹(如本例所用 D:/Lab1/task1，在完成本任务时，读者可以把文件放在任何你能记清楚路径的文件夹)中新建一个文本文档，创建方法：在资源管理器中右击，在弹出的快捷菜单中选择“新建”→“文本文档”命令，如图 1-1 所示。

修改文本文档的名字为 HelloJava.java，打开这个文本文档后输入如图 1-2 所示的内容。

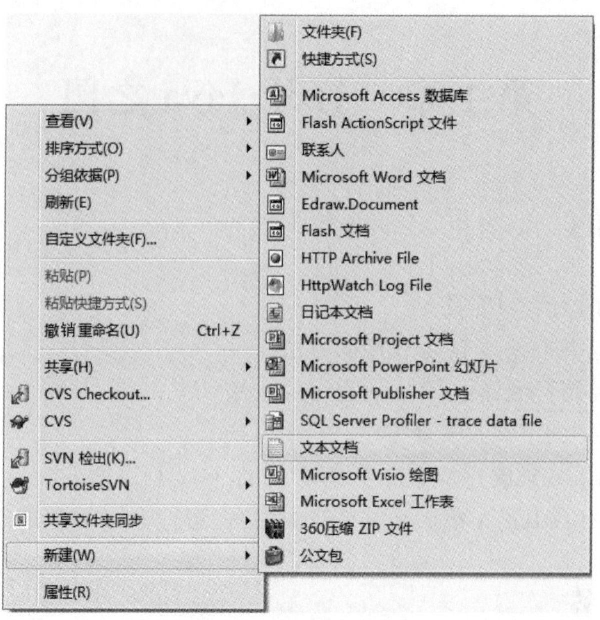

图 1-1 新建文本文档

HelloJava.java - 记事本

文件(F) 编辑(E) 格式(O) 查看(V) 帮助(H)

```
public class HelloJava{
        public static void main(String[] args){
                System.out.println("Hello Java World, I’ m coming!");
        }
}
```

图 1-2 HelloJava.java 文件的内容

HelloJava.java 的代码如下：

```
public class HelloJava{
    public static void main(String[] args){
        System.out.println("Hello Java World,I'm coming!");
    }
}
```

2）打开控制台环境并切换路径到 HelloJava.java 所在的路径

单击系统桌面左下角的“开始”按钮，选择“所有程序”→“附件”→“命令提示符”选项，或执行“开始”→“运行”命令，打开“运行”窗口，在“运行”窗口中，使用 cmd 命令（Windows 系统），或在“开始”→“查询”框中使用 cmd 命令，将会打开 DOS 命令环境（也称控制台环境），在 DOS 命令环境中通过 DOS 命令将路径切换到 HelloJava.java 文件所在的路径，如图 1-3 所示。

从图 1-3 中可以看出，切换路径时，要在 DOS 控制台窗口中输入数据，当路径比较长，或者路径中含中文时，从键盘上一个字符接着一个字符地输入，会比较麻烦，有没有比较简单一点的方法呢？下面介绍一种快捷的方法。

首先在资源管理器中找到 HelloJava.java 所在的路径，将地址栏中的路径复制下来，然

图 1-3　在 DOS 控制台命令环境中通过 DOS 命令将路径切换到 HelloJava.java 文件所在的路径

后在 DOS 控制台窗口标题栏上右击，在弹出的快捷菜单中选择“编辑”→“粘贴”（或者直接在 DOS 控制台窗口中右击）命令，则会将路径信息瞬间输入 DOS 控制台窗口中。在标题栏上右击进行粘贴方法如图 1-4 所示。

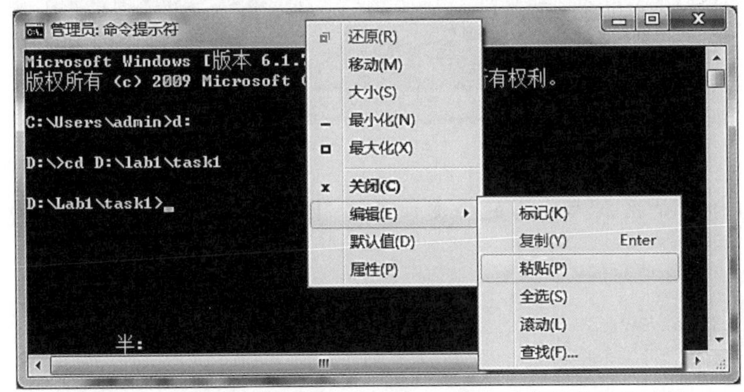

图 1-4　在 DOS 控制台窗口标题栏上右击后进行粘贴的方法

3）使用 JDK 编译器 javac 进行编译

在 DOS 控制台窗口中的命令提示符 D:\Lab1\task1>的后面输入如下代码：

```
javac HelloJava.java
```

输入完成后，按 Enter 键，若出现如图 1-5 编译完成的效果（空一行后，还是出现命令提示符 D:\Lab1\task1>），则编译成功。

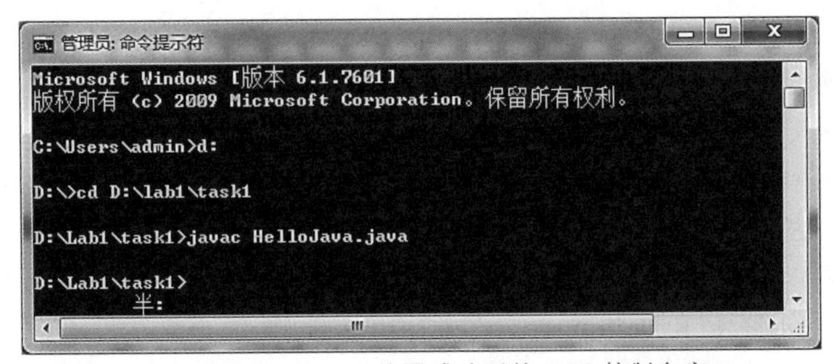

图 1-5　HelloJava.java 编译成功后的 DOS 控制台窗口

此时到 HelloJava.java 所在的文件夹（本任务位置为 D:\Lab1\task1）中查看，会看到 HelloJava.class，这就是 Java 程序在经过 javac 编译工具编译后生成的字节码文件。

4）运行 Java 程序

在图 1-5 所示的 DOS 控制台窗口中继续输入如下代码：

```
java HelloJava
```

输入完成后，按 Enter 键，则会运行上面编译生成的 HelloJava.class 字节码文件，出现如图 1-6 所示的运行效果。

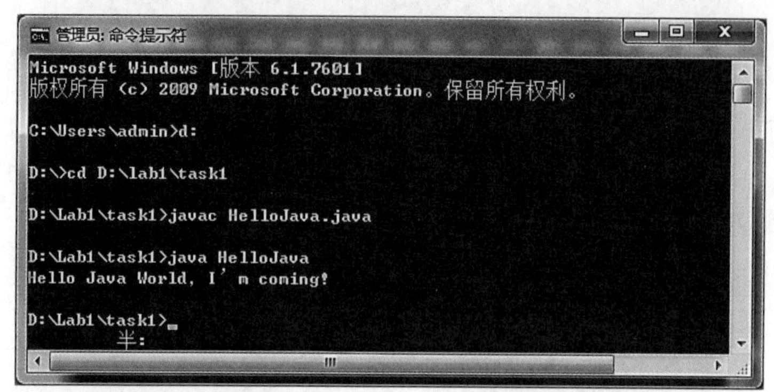

图 1-6　HelloJava 的运行效果

注意：Java 语言是区别大小写的强类型语言，因此在 DOS 控制台环境中使用如下两个命令时：

```
javac HelloJava.java
java HelloJava
```

注意 javac 和 java 的参数：HelloJava 中的字符一定要严格区分大小写，否则 Java 程序会把它当成一个新的变量，如 HelloJava、helloJava、Hellojava 将会被当成 3 个变量对待。

4. 任务拓展

上面的例子实现了向 Java 世界问好的功能，如何实现向自己问好的功能呢？

1.3.2　任务 2　联合编译运行多个 Java 程序

1. 任务目的

掌握在 DOS 控制台中联合编译并运行多个 Java 程序的方法。

2. 任务描述

在实际应用中，一个应用程序可能会由多个文件组成，这样的应用程序中包括入口程序(带有 main()方法)、功能程序(实现各个功能)。

本任务的主程序为 MyHello.java，在程序运行后，会依次调用功能程序 Hello1.java(在方法中显示“功能程序 1”)、Hello2.java(在方法中显示“功能程序 2”)、Hello3.java(在方法中显示“功能程序 3”)。

3. 实施步骤

1）创建主程序

按任务 1 中创建与编写 Java 程序的方法，创建文件夹 D:/Lab1/task2，创建主程序 MyHello.java，编写程序代码如下：

```
public class MyHello{
    public static void main(String[] args){
        Hello1 hello1=new Hello1();                    //第 1 个功能类实例
        hello1.show();                                 //第 1 个功能类中的方法
        Hello2 hello2=new Hello2();                    //第 2 个功能类实例
        hello2.show();                                 //第 2 个功能类中的方法
        Hello3 hello3=new Hello3();                    //第 3 个功能类实例
        hello3.show();                                 //第 3 个功能类中的方法
    }
}
```

2）创建功能程序 1

在 task2 中创建功能程序 Hello1.java，编写程序代码如下：

```
public class Hello1{
    public void show(){
        System.out.println("功能程序 1");
    }
}
```

3）创建功能程序 2

在 task2 中创建功能程序 Hello2.java，编写程序代码如下：

```
public class Hello2{
    public void show(){
        System.out.println("功能程序 2");
    }
}
```

4）创建功能程序 3

在 task2 中创建功能程序 Hello3.java，编写程序代码如下：

```
public class Hello3{
    public void show(){
        System.out.println("功能程序 3");
    }
}
```

5）编译多个文件的组合程序

因为在主程序中引用了各个功能，因此，主程序对各个功能程序产生了“依赖”，在编译时可以先编译各个功能程序，然后再编译主程序（也可以直接编译主程序，JDK 开发环境能直接编译多个文件的组合程序）。在 DOS 控制台中的编译过程如图 1-7 所示。

6）运行多个文件组合的程序

在 DOS 控制台命令提示符后面输入 java MyHello 命令后按 Enter 键，则会运行 Java 联合程序，程序运行效果如图 1-8 所示。

图 1-7　Java 功能文件及主文件的编译

图 1-8　联合编译运行多个 Java 程序的运行效果

1.3.3　任务 3　使用 Eclipse 集成开发平台开发简单 Java 程序

1. 任务目的

(1) 掌握在 Eclipse 集成开发平台中编写 Java 程序的方法。

(2) 掌握在 Eclipse 集成开发平台中运行 Java 程序的方法。

2. 任务描述

在 Eclipse 集成开发平台中创建一个 Java 应用程序 Lab1,在应用程序 Lab1 中创建包 task3,在包 task3 中创建 Java 文件 HelloWorld.java,在打开的文件编辑器中编写文件,在文件编写完成后,使用 Eclipse 集成开发环境运行程序,在 Eclipse 集成开发平台的控制台中显示运行结果:“Hello Java and Eclipse World,I'm coming!”。

3. 实验步骤

1) 打开 Eclipse 程序

双击桌面上或文件夹中的 Eclipse 图标,打开 Eclipse 集成开发平台。

2) 创建 Java 项目

在 Eclipse 集成开发平台的 Package Explorer 视图中右击,在弹出的快捷菜单中选择 New→JavaProject 命令,如图 1-9 所示。

选择 Java Project 命令后,打开 New Java Project 对话框,填写项目名为 Lab1,选择当前系统中默认的 Java SE 版本,如图 1-10 所示。

单击 Finish 按钮,完成项目的创建。

3) 创建 Java 包结构

在 Package Explorer 视图中右击,在弹出的快捷菜单中选择 New→Package 命令,如图 1-11 所示。

选择 Package 命令后,打开 New Java Package 对话框,如图 1-12 所示。

单击 Finish 按钮,可以完成包的创建,按上面方法和步骤创建包 task4。

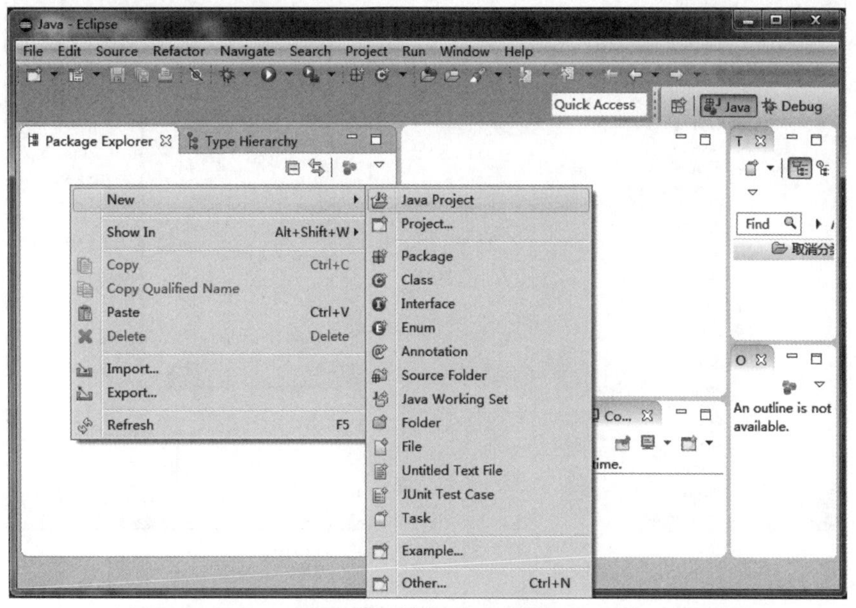

图 1-9 创建 Java 项目

New Java Project

Create a Java Project

Create a Java project in the workspace or in an external location.

Project name: Lab1 Java项目名

☑ Use default location

Location: D:\myprograms\eclipse4.4.1\Lab1 项目所在的文件夹 Browse...

JRE

○ Use an execution environment JRE: JavaSE-1.8 选择版本号

○ Use a project specific JRE: jre1.8.0_25

◉ Use default JRE (currently 'jre1.8.0_25') 使用默认版本号 Configure JREs...

Project layout

○ Use project folder as root for sources and class files

◉ Create separate folders for sources and class files Configure default...

Working sets

☐ Add project to working sets

Working sets: Select...

< Back Next > Finish Cancel

图 1-10 New Java Project 对话框

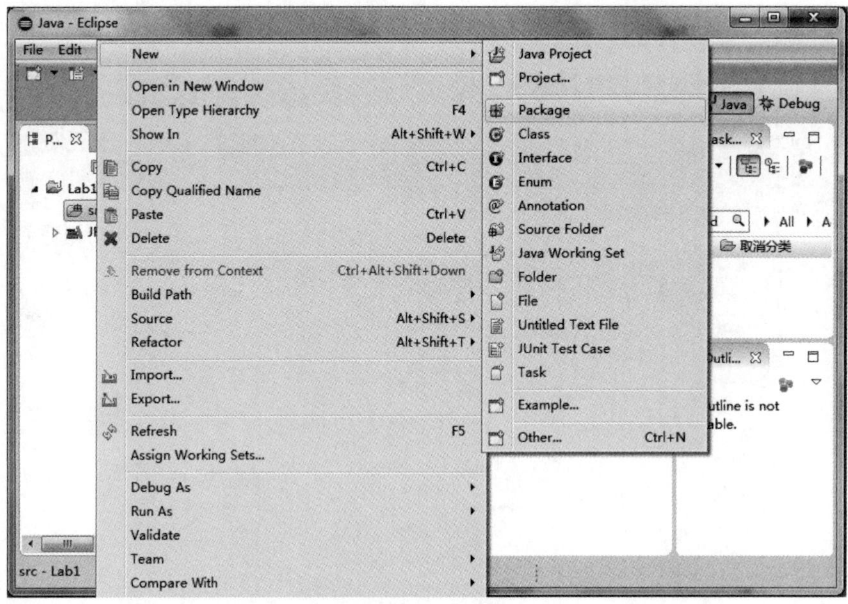

图 1-11　选择创建包

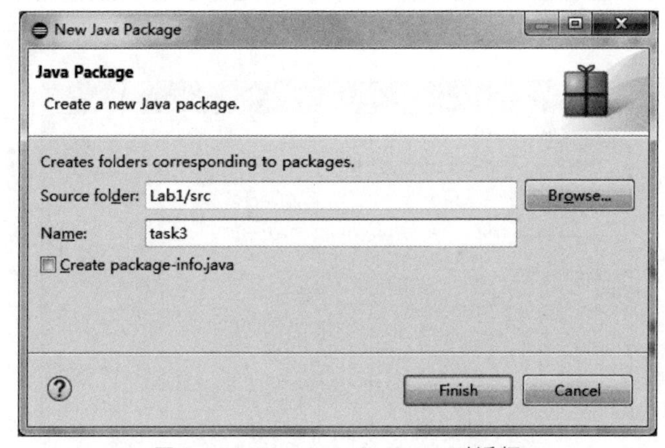

图 1-12　New Java Package 对话框

4）创建 Java 文件

在包 task3 上右击，在弹出的快捷菜单中选择 New→Class 命令，界面如图 1-13 和图 1-14 所示。

5）编辑类文件内容

创建完成 Java 类文件后，Eclipse 会自动打开这个类文件进行编辑，修改该类的内容如下：

```
package task3;
public class HelloEclipseJava {
    public static void main(String[] args) {
        System.out.println("Hello Java and Eclipse World, I'm coming!");
    }
}
```

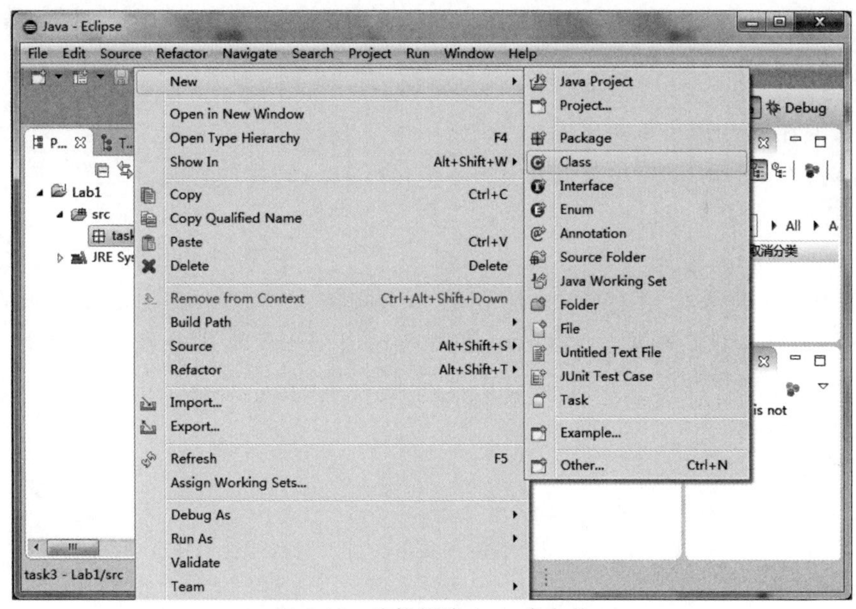

图 1-13 选择新建 Java 类文件

图 1-14 类创建界面

6）运行文件

在 Package Explorer 视图中 HelloEclipseJava 类上右击，或者在 HelloEclipseJava.java 文件编辑器视图中右击，在弹出的快捷菜单中选择 Run as→Java Application 命令，则会在 Eclipse 的控制台视图中看到运行结果。

1.3.4 任务4 使用 IntelliJ IDEA 集成开发平台开发简单 Java 程序

1. 任务目的

(1) 掌握在 IntelliJ IDEA 集成开发平台中编写 Java 程序的方法。

(2) 掌握在 IntelliJ IDEA 集成开发平台中运行 Java 程序的方法。

2. 任务描述

在 IntelliJ IDEA 集成开发平台中创建一个 Java 的软件包 chapter_1,在软件包 chapter_1 中创建包 hello,在包 hello 中创建 Java 文件 HelloWorld.java,在打开的文件编辑器中编写文件,在文件编写完成后,使用 IntelliJ IDEA 集成开发环境运行程序,在 IntelliJ IDEA 集成开发平台的控制台中显示运行结果:"Hello Java and IntelliJ IDEA World, I'm coming!"。

3. 实验步骤

1) 打开 IntelliJ IDEA 程序

双击桌面上或文件夹中的 IntelliJ IDEA 图标,打开 IntelliJ IDEA 集成开发平台,首页如图 1-15 所示。

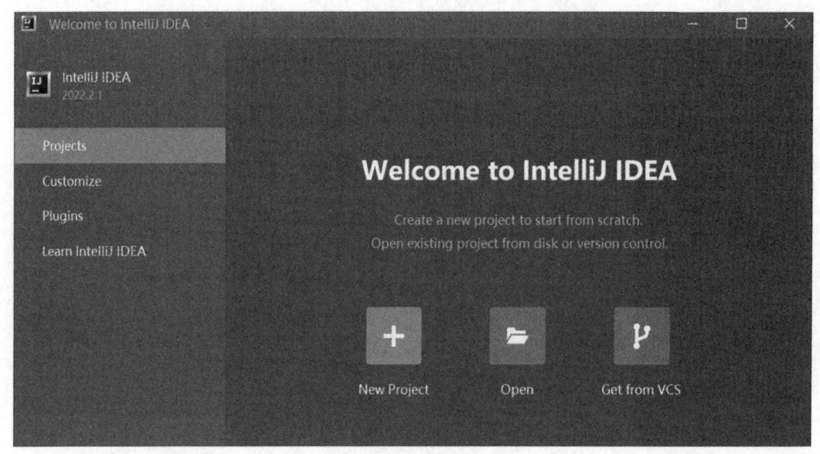

图 1-15 IntelliJ IDEA 首页

2) 创建 Java 项目

单击 New Project 按钮,开始新建一个项目。在弹出的 New Project 对话框中输入项目名称,选中代码存放路径,下方 JDK 会显示计算机上已安装的 JDK,如果前面 JDK 安装好后会自动显示,如图 1-16 所示。注意:项目名称不要用中文,而且不能以数字开头,之后正式进入 IntelliJ IDEA 的集成开发界面。

3) 创建 Java 包结构

单击项目名称前面的三角,展开可以看到 src 目录,该目录是源代码的存放位置。在 src 目录上右击,在弹出的快捷菜单中可以看到 New,New 之后可以看到 Java Class 和 Package 等,可以用来创建 Java 源文件和包等。在弹出的快捷菜单中选择 New→Package 命令,如图 1-17 所示。

单击 Package 命令后,打开 New Package 对话框,新建一个包,输入包的名字 hello,如图 1-18 所示。按 Enter 键就可以完成包的创建。

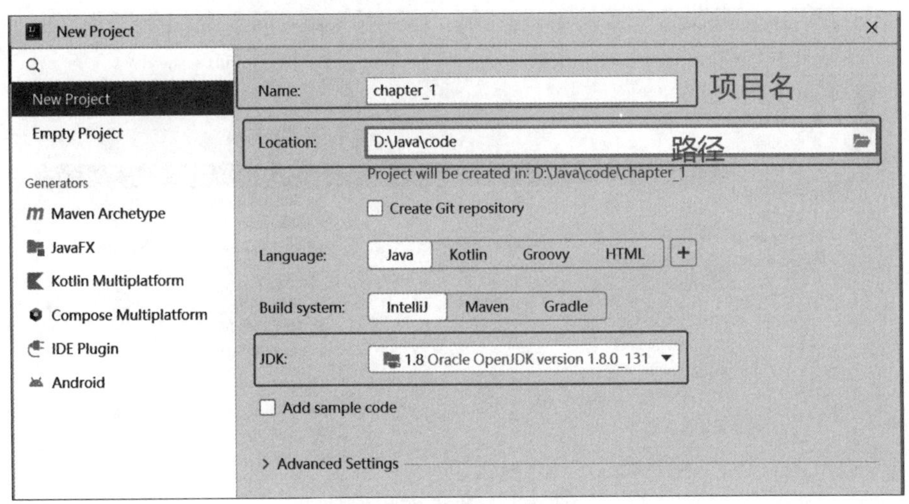

图 1-16 New Project 对话框

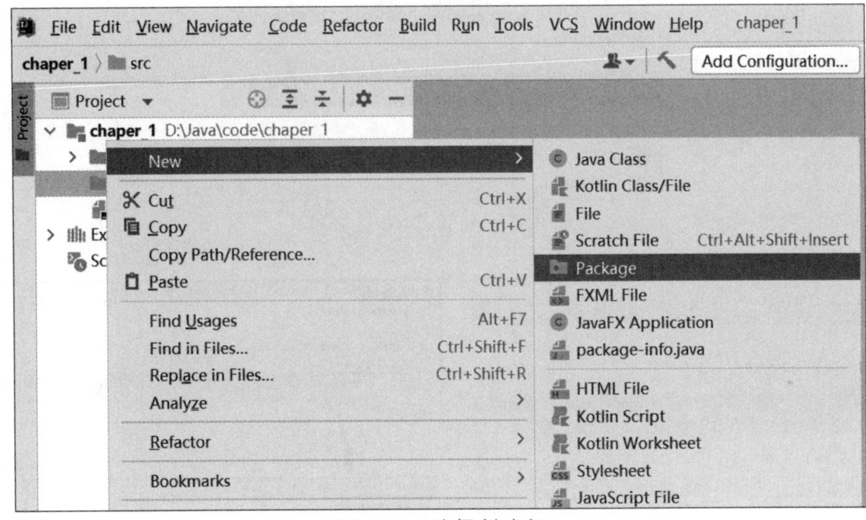

图 1-17 选择创建包

图 1-18 New Package 对话框

4）创建 Java 源文件

在 hello 包上右击，在弹出的快捷菜单中选择 New→Java Class 命令，如图 1-19 所示。选择 Java Class 命令后弹出图 1-20，在文本框中输入 Java 类的名字后按 Enter 键，即可创建 Java 类。

源文件 HelloWorld.java 创建成功后会在编辑区自动打开该文件。在类中输入 main 或者 psvm 后按 Enter 键即可成功创建 main 方法，如图 1-21 所示。

最终完成类的修改，其中在 main 方法中，输入 sout 后按 Enter 键，自动将打印语句补全。类的内容如下：

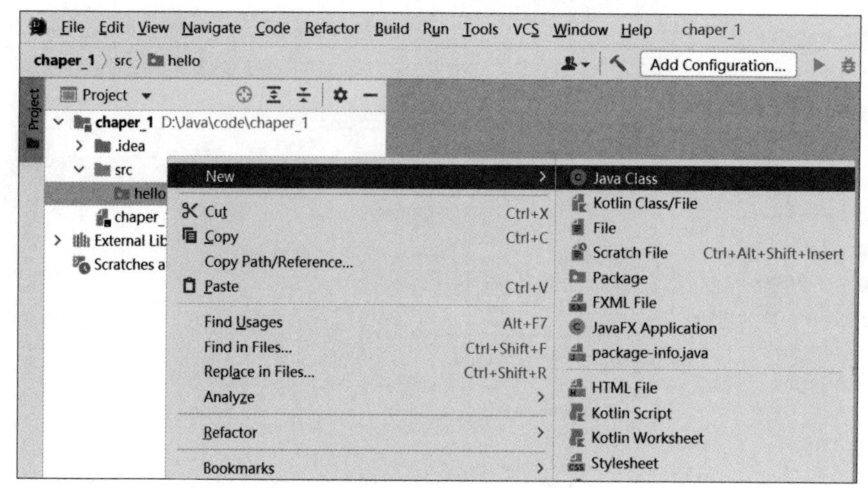

图 1-19　新建 Java 类

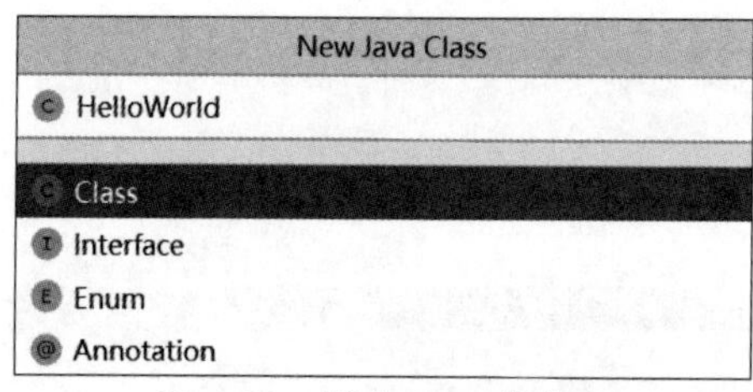

图 1-20　新建 Java 类命名

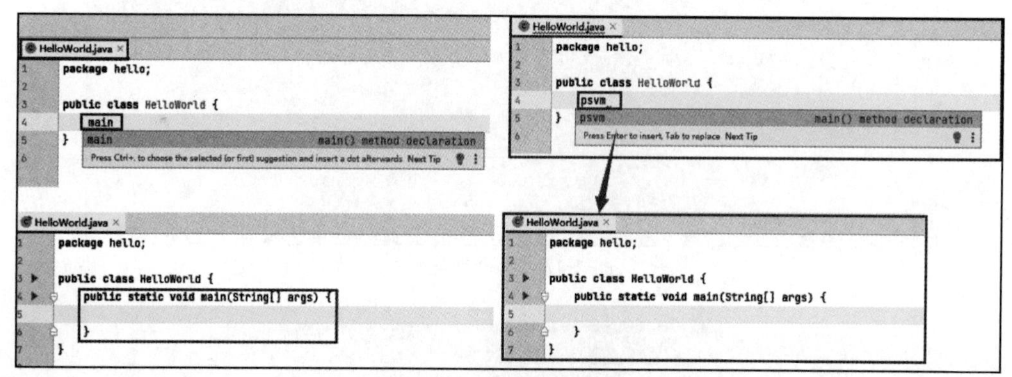

图 1-21　main 方法的创建

```java
package hello;
public class HelloWorld {
    public static void main(String[] args) {
        System.out.println("Hello Java and IntelliJ IDEA World, I'm coming!");
    }
}
```

5）运行文件

代码编辑完成后，文件内任意位置右击，在弹出的快捷菜单中选择 Run ×××命令即可运行，如图 1-22 所示，在下方的终端中即可看到运行结果，如图 1-23 所示。

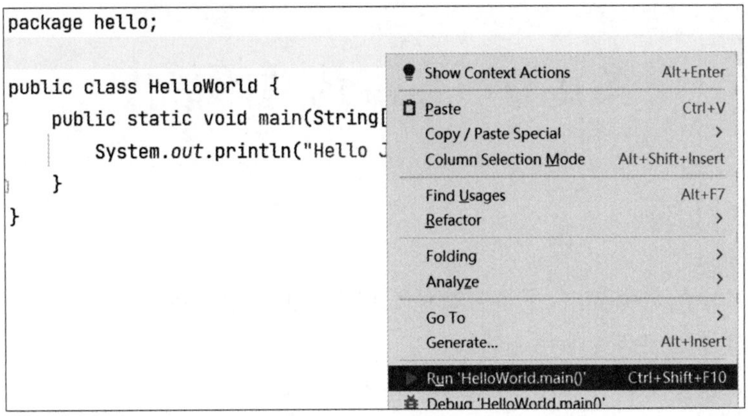

```
package hello;

public class HelloWorld {
    public static void main(String[
        System.out.println("Hello J
    }
}
```

Show Context Actions　Alt+Enter
Paste　Ctrl+V
Copy / Paste Special　>
Column Selection Mode　Alt+Shift+Insert
Find Usages　Alt+F7
Refactor　>
Folding　>
Analyze　>
Go To　>
Generate...　Alt+Insert
Run 'HelloWorld.main()'　Ctrl+Shift+F10
Debug 'HelloWorld.main()'

图 1-22　运行 HelloWorld

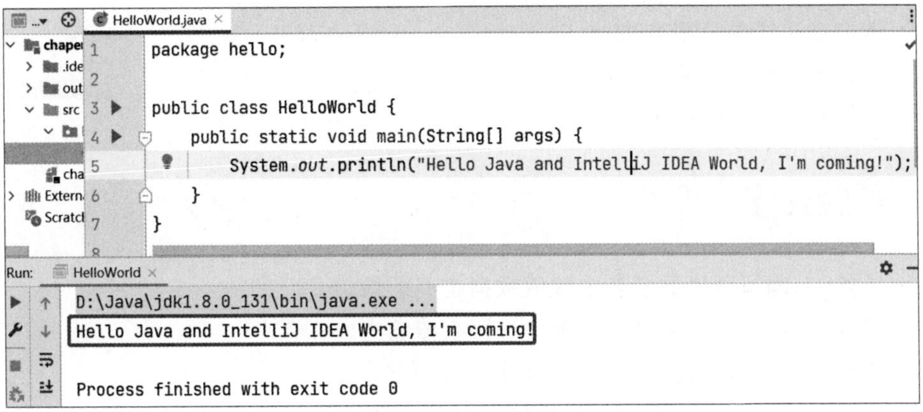

HelloWorld.java

chaper
.ide
out
src
cha
Extern
Scratcl

```
1  package hello;
2
3  public class HelloWorld {
4      public static void main(String[] args) {
5          System.out.println("Hello Java and IntelliJ IDEA World, I'm coming!");
6      }
7  }
8
```

Run:　HelloWorld

```
D:\Java\jdk1.8.0_131\bin\java.exe ...
Hello Java and IntelliJ IDEA World, I'm coming!

Process finished with exit code 0
```

图 1-23　运行结果

第 2 章　Java 的基本语法

2.1　实验目的

（1）掌握基本的数据类型、了解各数值数据类型的取值范围。

（2）掌握变量的定义与使用方法。

（3）掌握常量的定义与使用方法。

（4）掌握从键盘上获取输入的方法。

（5）掌握数据类型的转换规则。

（6）掌握表达式的使用方法。

（7）掌握转义字符的使用方法。

（8）掌握几类注释的使用方法。

2.2　实验任务

（1）任务 1：编写程序显示各个数值数据类型的最值。

（2）任务 2：声明不同类型的变量并进行赋值输出。

（3）任务 3：根据输入圆半径的值求圆的面积。

（4）任务 4：从键盘输入 3 个数并求它们的平均数。

（5）任务 5：编写程序查看常用转义字符的效果。

2.3　实验内容

2.3.1　任务 1　编写程序显示各个数值数据类型的最值

1. 任务目的

（1）掌握常用的数值数据类型。

（2）掌握显示常用数值数据类型的最大值的方法。

（3）掌握显示常用数值数据类型的最小值的方法。

（4）掌握文档注释的书写方法。

2. 任务描述

编写一个 Java 程序 TypeMaxAndMinValue.java，在程序中显示常用数值数据类型的最大值与最小值。

3. 实施步骤

1）创建项目

在 Eclipse 中创建项目 Lab2。

2）创建包

在项目 Lab2 中创建包 task1。

3）创建文件

在包 task1 中创建 Java 文件 TypeMaxAndMinValue.java，修改该文件内容如下：

```
package task1;          //注意这里的包名与创建的包名要一致
/**
 * 使用程序显示常用数值数据类型的最值
 * @author sf
 */
public class TypeMaxAndMinValue {
    public static void main(String[] args) {
        System.out.println("最大的 byte 值是: "+Byte.MAX_VALUE);
        System.out.println("最大的 short 值是: "+Short.MAX_VALUE);
        System.out.println("最大的 int 值是: "+Integer.MAX_VALUE);
        System.out.println("最大的 long 值是: "+Long.MAX_VALUE);
        System.out.println("最大的 float 值是: "+Float.MAX_VALUE);
        System.out.println("最大的 double 值是: "+Double.MAX_VALUE);
        System.out.println("最小的 byte 值是: "+Byte.MIN_VALUE);
        System.out.println("最小的 short 值是: "+Short.MIN_VALUE);
        System.out.println("最小的 int 值是: "+Integer.MIN_VALUE);
        System.out.println("最小的 long 值是: "+Long.MIN_VALUE);
        System.out.println("最小的 float 值是: "+Float.MIN_VALUE);
        System.out.println("最小的 double 值是: "+Double.MIN_VALUE);
    }
}
```

4）运行程序

运行程序，将会看到程序在 Eclipse 控制台中的运行结果如图 2-1 所示。

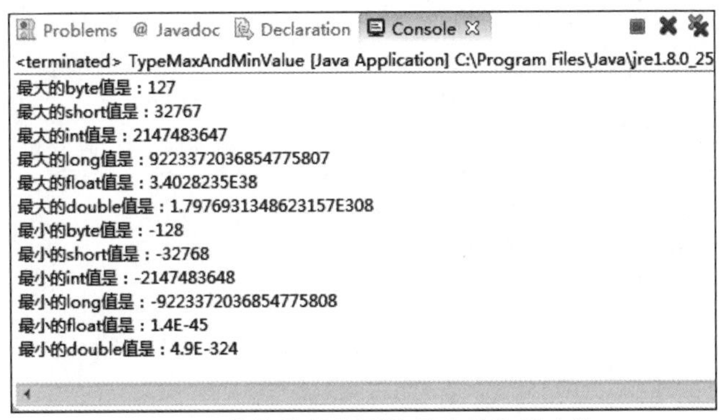

图 2-1　数值数据类型的最大值和最小值

2.3.2　任务 2　声明不同类型的变量并进行赋值输出

1. 任务目的

（1）掌握变量的声明、赋值与使用方法。

(2) 掌握数据类型变量的赋值特点。

(3) 掌握行注释的使用方法。

(4) 理解数据类型的隐式转换。

2. 任务描述

编写一个程序,使用常见的数据类型声明一些变量,并为这些变量赋值,然后把这些变量输出。

3. 实施步骤

1) 添加包

在项目 Lab2 中添加包 task2。

2) 添加文件并进行编辑

在包 task2 中添加 Java 文件 DataTypes.java,修改该文件的内容如下:

```
package task2;
/**
 * 不同数据类型变量的声明、赋值与隐式转换
 * @author sf
 */
public class DataTypes {
    public static void main(String[] args) {
        byte b=0x55;                          //字节型变量声明与赋值
        short s=0x55ff;                       //短整型变量声明与赋值
        int i=1000000;                        //整型变量声明与赋值
        long l=0xffffL;                       //长整型变量声明与赋值
        char c='a';                           //字符型变量声明与赋值
        float f=0.23F;                        //单精度浮点型变量声明与赋值
        double d=0.7E-3;                      //双精度浮点型变量声明与赋值
        boolean B=true;                       //布尔型变量声明与赋值
        String S="这是字符串类数据类型";        //字符串类对象
        System.out.println("字节型变量 b="+b);
        System.out.println("短整型变量 s="+s);
        System.out.println(" 整型变量 i="+i);
        System.out.println("长整型变量 l="+l);
        System.out.println("字符型变量 c="+c);
        System.out.println("单精度浮点型变量 f="+f);
        System.out.println("双精度浮点型变量 d="+d);
        System.out.println("布尔型变量 B="+B);
        System.out.println("字符串类对象 S="+S);
    }
}
```

3) 运行程序

运行程序,在 Eclipse 控制台中看到程序的运行结果如图 2-2 所示。

2.3.3 任务 3 根据输入圆半径的值求圆的面积

1. 任务目的

(1) 掌握变量的声明、赋值与使用方法。

```
Problems  @ Javadoc  Declaration  Console
<terminated> DataTypes [Java Application] C:\Program Files\Java\jre1.8
字节型变量 b = 85
短整型变量 s = 22015
整型变量 i = 1000000
长整型变量 l = 65535
字符型变量 c = a
单精度浮点型变量 f = 0.23
双精度浮点型变量 d = 7.0E-4
布尔型变量 B = true
字符串类对象 S = 这是字符串类数据类型
```

图 2-2　不同数据类型的变量赋值后的输出结果

（2）掌握常量的声明与使用方法。

（3）掌握行注释的使用方法。

（4）掌握获取键盘输入的方法。

（5）掌握表达式的使用方法。

2. 任务描述

编写程序实现从键盘输入一个半径，根据定义的常量 PI，使用表达式计算圆的面积。

3. 实施步骤

1）添加包

在项目 Lab2 中创建包 task3。

2）添加文件

在包 task3 中添加 Java 文件 CircleArea.java，修改该文件的内容如下：

```
package task3;
import java.util.Scanner;
/**
 * 根据输入圆半径的值求圆的面积
 * @author sf
 */
public class CircleArea {
    private static final double PI=3.1415926;      //定义 PI 常量
    public static void main(String[] args) {
        Scanner input=new Scanner(System.in);      //输入设备
        double R=0.0,area=0.0;                     //定义圆的半径 R,圆的面积 area
        System.out.print("请输入圆的半径：");
        R=input.nextDouble();
        area=PI * R * R;                           //使用表达式计算圆的面积
        System.out.println("圆的面积为："+area);  //输出圆的面积
        input.close();                             //关闭输入设备
    }
}
```

3）运行程序

运行程序，在 Eclipse 控制台中输入一个数据，则会计算并显示输入的半径所对应的圆的面积。图 2-3 是一个运行实例。

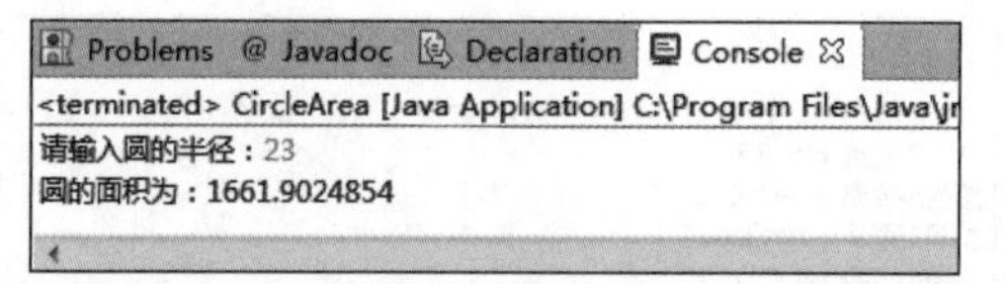

图 2-3 使用 Java 程序计算圆的面积的一个运行实例

2.3.4 任务 4 从键盘输入 3 个数并求它们的平均数

1. 任务目的

(1) 掌握多个变量的声明、赋值与使用方法。

(2) 掌握文档注释的使用方法。

(3) 掌握行注释的使用方法。

(4) 掌握表达式的使用方法。

(5) 掌握键盘输入的方法。

2. 任务描述

编写一个程序,从键盘输入 3 个双精度浮点数,使用表达式计算平均数后输出。

3. 实施步骤

1) 添加包

在项目 Lab2 中创建包 task4。

2) 添加文件

在包 task4 中添加 Java 文件 Average.java,修改该文件的内容如下:

```
package task4;
import java.util.Scanner;

/**
 * 求从键盘输入的 3 个数的平均数
 * @author sf
 */
public class Average {
    public static void main(String[] args) {
        Scanner input=new Scanner(System.in);       //输入设备
        double num1, num2, num3;                    //声明 3 个变量 num1、num2、num3
        double average;                             //声明平均数变量
        System.out.print("输入第 1 个数: ");
        num1=input.nextDouble();
        System.out.print("输入第 2 个数: ");
        num2=input.nextDouble();
        System.out.print("输入第 3 个数: ");
        num3=input.nextDouble();
        //使用表达式计算平均数
        average=(num1+num2+num3)/3;
        System.out.println("您所输入的 3 个数的平均数为: "+average);
        input.close();                              //关闭输入
    }
}
```

3）运行程序

运行程序，在 Eclipse 控制台中输入 3 个数，则会计算并显示所输入的 3 个数的平均数。图 2-4 是一个运行实例。

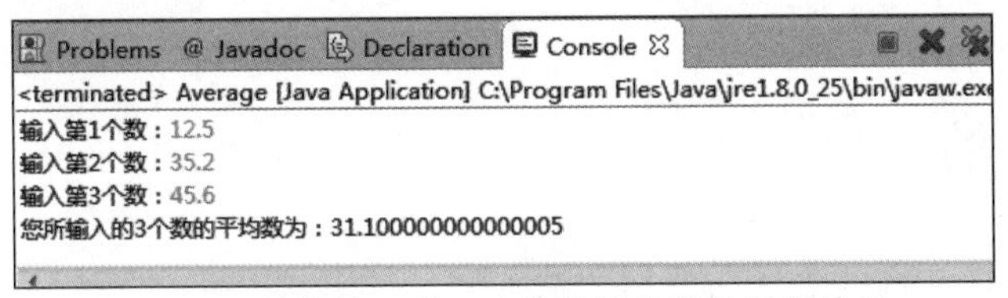

图 2-4 计算输入的 3 个数的平均数的运行效果

2.3.5 任务 5 编写程序查看常用转义字符的效果

1. 任务目的

（1）掌握常用转义字符的使用方法。

（2）掌握行注释的书写方法。

2. 任务描述

编写一个 Java 程序，显示转义字符的应用效果。

3. 实施步骤

1）添加包

在项目 Lab2 中创建包 task5。

2）添加文件

在包 task5 中添加 Java 文件 EscapeCharacter.java，修改该文件的内容如下：

```
package task5;
/**
 * Java 转义字符应用实例
 * @author sf
 */
public class EscapeCharacter {
    public static void main(String[] args) {
        System.out.print("这是\b 转义\n 字符\r 的测\t 试实\f 例,看\\看测\"试结果\'怎
                        么样。");
    }
}
```

3）运行程序

运行程序，可以在 Eclipse 控制台中看到程序的运行效果如图 2-5 所示。

读者根据运行显示的效果，再对照各个效果所对应的语句代码，理解各个常用转义字符的含义与作用。

图 2-5 转义字符应用的运行效果

第3章　选择结构

3.1　实验目的

（1）掌握简单 if 结构的语法与使用方法。

（2）掌握 if-else 结构的语法与使用方法。

（3）掌握多重 if-else 结构的语法与使用方法。

（4）掌握 if-else 条件语句嵌套结构的语法与使用方法。

（5）掌握 switch-case 结构的语法与使用方法。

3.2　实验任务

（1）任务 1：判断从键盘输入的数是否能被 7 整除。

（2）任务 2：成绩等级判断。

（3）任务 3：判断从键盘输入的字符串是否为大写字母。

（4）任务 4：计算销售提成。

（5）任务 5：判断回文数。

（6）任务 6：根据订单状态标识显示订单状态。

3.3　实验内容

3.3.1　任务 1　判断从键盘输入的数是否能被 7 整除

1. 任务目的

（1）掌握 if-else 简单结构的使用方法。

（2）掌握整除运算符的使用方法。

（3）掌握()运算符的使用方法。

2. 任务描述

对任意一个从键盘输入的整数，判断其是否能被 7 整除。如果能被 7 整除输出该数除以 7 的商；否则，输出信息“不能被 7 整除”。

3. 实施步骤

1）创建 Java 项目

在 Eclipse 中创建 Java 项目 Lab3。

2）创建包

在项目 Lab3 中创建包 task1。

3）创建 Java 文件并进行编辑

在包 task1 中创建文件 DivBySeven.java，修改该文件的内容如下：

```
package task1;
import java.util.Scanner;
/**
 * 从键盘输入一个数,检查其是否能被 7 整除
 * @author sf
 */
public class DivBySeven {
    public static void main(String[] args) {
        Scanner input=new Scanner(System.in);      //实例化输入
        int iNum=0;                                //声明变量并赋初值
        System.out.print("请输入一个数: ");
        iNum=input.nextInt();
        if(iNum %7==0){
            System.out.println("该数除以 7 的商为: "+(iNum/7));
        }else{
            System.out.println("不能被 7 整除。");
        }
        input.close();                             //关闭输入
    }
}
```

运行程序，输入不同的整数，观察运行结果。

4. 任务拓展

1）奇偶数判断

任务描述：输入一个数，如果这个数在除以 2 后的余数为 0，则屏幕上就会显示 The number is Even；否则，在屏幕上显示 The number is Odd。完整代码如下：

```
package task1;
import java.util.Scanner;
/**
 * 奇偶数判断
 * @author sf
 */
public class EvenOrOdd {
    public static void main(String[] args) {
        Scanner input=new Scanner(System.in);      //实例化输入
        System.out.print("请输入一个整数: ");
        int iNum=input.nextInt();                  //获取一个输入
        if(iNum%2==0){
            System.out.println("The number is Even");
        }else{
            System.out.println("The number is Odd");
        }
        input.close();                             //关闭输入
    }
}
```

运行后输入数据测试，观察运行结果。

2）选项判断

任务描述：从键盘输入一个数，如果这个数为1～3，将在屏幕上显示这个数；否则，将显示 Invalid Choice。完整代码如下：

```
package task1;
import java.util.Scanner;
/**
 * 选项判断
 * @author sf
 */
public class OptionJudge {
    public static void main(String[] args) {
        Scanner input=new Scanner(System.in);     //实例化输入
        int iNum=0;                               //存储选定的选择项的变量
        System.out.print("请输入一个选择项的值,范围为[1,3]: ");
        iNum=input.nextInt();                     //接收输入
        if(iNum>=1 && iNum<=3){
            System.out.println("选择的项为: "+iNum);
        }else{
            System.out.println("Invalid Choice");
        }
        input.close();                            //关闭输入
    }
}
```

运行后输入数据测试，观察运行结果。

3.3.2 任务2 成绩等级判断

1. 任务目的

（1）掌握 if-else 多分支结构的使用方法。

（2）掌握从键盘输入内容的方法。

2. 任务描述

从键盘输入一个学生的成绩，如果这个成绩在[90,100]内，则输出“优秀”；如果这个成绩在[70,90)内，则输出“良好”；如果这个成绩在[60,70)内，则输出“及格”；低于60分时输出“不及格”；高于100分时，输出“输入的数据不合法”。

3. 实施步骤

1）创建包

在项目 Lab3 中创建包 task2。

2）创建并修改文件

在包 task2 中创建文件 ScoreGrade.java，修改该文件的内容如下：

```
package task2;
import java.util.Scanner;
```

```java
/**
 * 成绩等级判断
 * @author sf
 */
public class ScoreGrade {
    public static void main(String[] args) {
        Scanner input=new Scanner(System.in);      //实例化输入设备
        int score=0;                               //成功变量
        System.out.print("请输入一个成绩: ");
        score=input.nextInt();
        if(score>100){
            System.out.println("输入的数据不合法");
        }else if(score>=90){
            System.out.println("优秀");
        }else if(score>=70){
            System.err.println("良好");
        }else if(score>=60){
            System.out.println("及格");
        }else{
            System.out.println("不及格");
        }

        input.close();                             //关闭输入
    }
}
```

3）运行程序

运行该程序，输入不同的数据(特别是边界值)，查看运行效果，如下数据为不同测试用例信息：

```
请输入一个成绩: 101
输入的数据不合法
请输入一个成绩: 100
优秀
请输入一个成绩: 70
良好
请输入一个成绩: 60
及格
请输入一个成绩: 59
不及格
```

3.3.3　任务 3　判断从键盘输入的字符串是否为大写字母

1. 任务目的

(1) 掌握从键盘输入字符串的方法。

(2) 掌握字符串转换为字符数组的方法。

(3) 掌握大写字母与小写字母的 ASCII 码。

(4) 掌握大写字母与小写字母的 ASCII 码的差值。

2. 任务描述

从键盘输入一个字符串,判断输入的字符串是否含大写字母,如果含大写字母将其转换成小写字母;否则不用改变。修改完成后,将输入的内容输出。

3. 任务分析

根据任务描述,要完成这个任务,需要检查字符串中的每个字符是否为大写字母,而判断一个字符是否为大写字母,就要用到字符的 ASCII 码,因此要完成本任务,就要将输入的字符串转换为字符数组,然后判断每个字符的 ASCII 码,这里要使用大写字母与小写字母的 ASCII 码进行转换,大写字母的 ASCII 码如下:

A	B	C	D	E	F	G	H	I	J	K	L	M	N	O	P	Q	R	S	T	U	V	W	X	Y	Z
65	66	67	68	69	70	71	72	73	74	75	76	77	78	79	80	81	82	83	84	85	86	87	88	89	90

小写字母的 ASCII 码如下:

a	b	c	d	e	f	g	h	i	j	k	l	m	n	o	p	q	r	s	t	u	v	w	x	y	z
97	98	99	100	101	102	103	104	105	106	107	108	109	110	111	112	113	114	115	116	117	118	119	120	121	122

由大写字母与小写字母的 ASCII 码表可以看出,大写字母的 ASCII 码范围为[65,90],小写字母的 ASCII 码范围为[97,122],小写字母比对应大写字母的 ASCII 码大 32。由此可得出程序的设计思路。

(1) 从键盘输入一个字符串。

(2) 将字符串转换为字符数组。

(3) 检查每个字符,若是大写字母,则转换为小写字母输出;否则不转换直接输出。

4. 实施步骤

1) 创建包

在项目 Lab3 中创建包 task3。

2) 创建并修改文件

在包 task3 中创建 Java 文件 Big2SmallLetter.java,修改该文件的内容如下:

```
package task3;
import java.util.Scanner;

/**
 * 输入一个字符串,如果含大写字母,将其转换为小写输出;否则不转换直接输出 *
 @author sf
 */
public class Big2SmallLetter {
    public static void main(String[] args) {
        Scanner input=new Scanner(System.in);     //初始化输入
        String str;                               //字符串变量
        System.out.print("请输入一个字符串: ");
        str=input.next();
```

```
        char[] myCharArr=str.toCharArray();
        for(int i=0; i<myCharArr.length; i++){
            if(myCharArr[i]>=65 && myCharArr[i]<=90){
                myCharArr[i]+=32;
            }
            System.out.print(myCharArr[i]);
        }
        input.close();                              //关闭输入
    }
}
```

3）运行程序

图 3-1 为该程序的一个运行实例。

图 3-1 大写字母转换为小写字母的一个实例

3.3.4 任务 4 计算销售提成

1. 任务目的

（1）掌握 if-else 单分支结构的使用方法。

（2）掌握 if-else 多分支结构的使用方法。

（3）掌握从键盘输入数据的方法。

2. 任务描述

公司对月销售额大于或等于￥10 000 的销售人员付给其 10%的提成。提成在月末计算。编写程序，以便根据销售人员的销售额计算其应得的提成。

3. 实施步骤

1）创建包

在项目 Lab3 中创建包 task4。

2）创建并修改文件

在包 task4 中创建 Java 文件 SalesCommissions.java，修改该文件的内容如下：

```
package task4;
import java.util.Scanner;
/**
 * 计算销售提成
 * @author sf */
public class SalesCommissions {
    public static void main(String[] args) {
        Scanner input=new Scanner(System.in);     //实例化输入
        System.out.print("请输入销售额(单位：￥)：");
        float sale=input.nextFloat();              //销售额
        float royalty=0.0f;                        //提成
```

```
        if(sale>=10000){
            royalty=sale * 0.1f;
        }
        System.out.println("销售提成为: ￥"+royalty);
        input.close();
    }
}
```

3）运行程序

图 3-2 所示为该程序的两个运行实例。

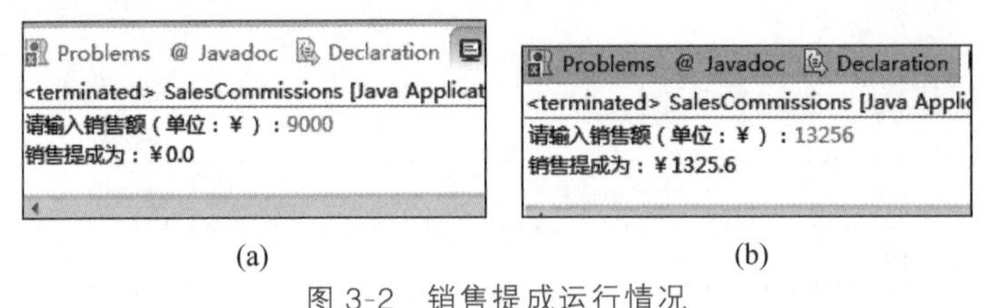

(a)　　　　(b)

图 3-2　销售提成运行情况

4. 任务拓展

为了确保社会的正常、公平和稳定运行，国家对高工资人群实施了一套税收政策。该政策根据月薪的不同区间，设定了相应的税率，具体规定如下。

月薪在 5000 元及以下，不征收税款；

月薪在 5000 元至 8000 元，超过 5000 元的部分按 3%征税；

月薪在 8000 元至 17 000 元，超过 8000 元的部分按 10%征税，同时超过 5000 元但不超过 8000 元的部分仍按 3%征税；

月薪在 17 000 元至 30 000 元，超过 17 000 元的部分按 20%征税，超过 8000 元但不超过 17 000 元的部分按 10%征税，超过 5000 元但不超过 8000 元的部分按 3%征税；

月薪在 30 000 元至 40 000 元，超过 30 000 元的部分按 25%征税，超过 17 000 元但不超过 30 000 元的部分按 20%征税，超过 8000 元但不超过 17 000 元的部分按 10%征税，超过 5000 元但不超过 8000 元的部分按 3%征税；

月薪在 40 000 元至 60 000 元，超过 40 000 元的部分按 30%征税，超过 30 000 元但不超过 40 000 元的部分按 25%征税，超过 17 000 元但不超过 30 000 元的部分按 20%征税，超过 8000 元但不超过 17 000 元的部分按 10%征税，超过 5000 元但不超过 8000 元的部分按 3%征税；

月薪在 60 000 元至 85 000 元，超过 60 000 元的部分按 35%征税，超过 40 000 元但不超过 60 000 元的部分按 30%征税，超过 30 000 元但不超过 40 000 元的部分按 25%征税，超过 17 000 元但不超过 30 000 元的部分按 20%征税，超过 8000 元但不超过 17 000 元的部分按 10%征税，超过 5000 元但不超过 8000 元的部分按 3%征税；

月薪超过 85 000 元的部分，按 45%征收税款，其余部分则按照上述各区间税率进行征税。

基于以上规定，编写相应的工资税收程序。

1）任务分析

根据任务描述可以看出，税金是进行累加的，而当收入超过某个值时，对于该值前面的固定区间，如对于月薪 8100 元，5000～8000 元的税金是固定的，因此可以先计算这些固定区间的固定税金。

2）创建文件并进行修改

在包 task4 中创建 Java 文件 CalcRevenue.java，修改该文件的内容如下：

```
package task4;
import java.util.Scanner;
/**
 * 根据收入计算税金
 * @author yuan
 */
public class CalcRevenue {
    public static void main(String[] args) {
        Scanner input = new Scanner(System.in);
        System.out.print("请输入工资收入(单位:¥):");
        float salary = input.nextFloat();           //工资收入
        float revenue = 0.0f;                       //税金
        //5000~8000 元的固定税金
        float rev5kto8k = (8000 - 5000) * 0.03f;
        //8000~17000 元的固定税金
        float rev8kto17k = (17000 - 8000) * 0.1f;
        //17000~30000 元的固定税金
        float rev17kto30k = (30000 - 17000) * 0.2f;
        //30000~40000 元的固定税金
        float rev30kto40k = (40000 - 30000) * 0.25f;
        //40000~60000 元的固定税金
        float rev40kto60k = (60000 - 40000) * 0.3f;
        //60000~85000 元的固定税金
        float rev60kto85k = (85000 - 60000) * 0.35f;
        if (salary <= 5000) {
            revenue = 0.0f;
        } else if (salary <= 8000) {
            revenue += (salary - 5000) * 0.03f;
        } else if (salary <= 17000) {
            revenue += (salary - 8000) * 0.1f + rev5kto8k;
        } else if (salary <= 30000) {
            revenue += (salary - 17000) * 0.2f + rev8kto17k + rev5kto8k;
        } else if (salary <= 40000) {
            revenue += (salary - 30000) * 0.25f + rev17kto30k + rev8kto17k +
rev5kto8k;
        } else if (salary <= 60000) {
            revenue += (salary - 40000) * 0.3f + rev30kto40k + rev17kto30k +
rev8kto17k + rev5kto8k;
        } else if (salary <= 85000) {
            revenue += (salary - 60000) * 0.3f + rev40kto60k + rev30kto40k +
rev17kto30k + rev8kto17k + rev5kto8k;
        } else {
            revenue += (salary - 85000) * 0.45f + rev60kto85k + rev40kto60k +
rev30kto40k + rev17kto30k + rev8kto17k + rev5kto8k;
```

```
        }
        System.out.println("该收入要征收的税金为:￥" + revenue);
        input.close();
    }
}
```

3）运行程序

该程序的几个运行实例如下：

```
请输入工资收入（单位：￥）：5000
该收入要征收的税金为:￥0.0
请输入工资收入（单位：￥）：7000
该收入要征收的税金为:￥60.0
请输入工资收入（单位：￥）：10000
该收入要征收的税金为:￥290.0
请输入工资收入（单位：￥）：20000
该收入要征收的税金为:￥1590.0
请输入工资收入（单位：￥）：45000
该收入要征收的税金为:￥7590.0
请输入工资收入（单位：￥）：90000
该收入要征收的税金为:￥23090.0
```

3.3.5 任务5 判断回文数

1. 任务目的

（1）掌握 if-else 分支结构的使用方法。

（2）掌握整数转换为字符数组的方法。

（3）掌握使用键盘输入数据的方法。

（4）掌握嵌套的 if-else 分支结构的使用方法。

2. 任务描述

回文数是指该数所含的数字逆序排序后，得到的新的数字与原来的数字相同，如12121、3223 都是回文数。编写一个 Java 应用程序，判断从键盘输入一个整数是否为回文数，并将这个数和判断结果输出。

3. 实施步骤

1）创建包

在项目 Lab3 中创建包 task5。

2）创建并修改文件

在包 task5 中创建 Java 文件 Palindrome.java，修改该文件的内容如下：

```
package task5;
import java.util.Scanner;
/**
 * 回文数判断
 * @author sf */
public class Palindrome {
    public static void main(String[] args) {
        Scanner input=new Scanner(System.in);        //输入实例
        System.out.print("请输入一个整数: ");
```

```
        long num=input.nextLong();                    //输入一个整数
        String str=num+"";                            //将数字转换为字符串
        char[] arr=str.toCharArray();                 //将字符串转换为字符数组
        int len=arr.length;                           //字符串的长度
        boolean flag=true;                            //回文数标志,默认为是
        //在循环中判断两端的字符是否相同
        for(int i=0;i<len/2;i++){
            //如果两端对应的字符不同,则不是回文数,结束循环
            if(arr[i]!=arr[len-1-i]){
                flag=false;                           //将回文数标志为否
                break;                                //结束循环
            }
        }
        //根据标志,输出前面输入的数据是否为回文数
        if(flag){
            System.out.println("您所输入的数据: "+num+"为回文数。");
        }else{
            System.out.println("您所输入的数据: "+num+"不是回文数。");
        }
        input.close();                                //关闭输入
    }
}
```

3）运行程序

该程序的几个运行实例如下：

```
请输入一个整数: 4521
您所输入的数据: 4521 不是回文数。
请输入一个整数: 1343431
您所输入的数据: 1343431 为回文数。
```

4. 任务拓展

将某个指定范围内的回文数全部输出，如将 10 000 以内的回文数全部输出。

1）任务分析

该任务是要对指定范围内的所有数据进行检查，检查每个数据是否为回文数，因此可以将回文数的检查功能提取出来作为一个独立的方法，在循环中反复地调用这个方法进行检查并输出。

2）创建并修改文件

在包 task5 中创建 Java 文件 PalindromeIn1W.java，修改该文件的内容如下：

```
package task5;
/**
 * 检查 10000 以内的所有回文数并输出
 * @author sf
 */
public class PalindromeIn1W {
    public static void main(String[] args) {
```

```
        //在循环中检查 10000 以内的每个数据是否为回文数
        String str="";                          //构建要显示的所有的回文数所组成字符串
        int count=0 ;                           //回文数的计数
        for(int i=0;i<=10000;i++){
            boolean flag=isPalindrome(i);       //检查每个数据是否为回文数
            //根据标志,输出前面输入的数据是否为回文数
            if(flag){
                count++;                        //计数器计数
                //字符串是否为空串,为空时,添加第 1 个元素
                if("".equals(str)){
                    str=i+"";
                }else{                          //字符串不为空时,添加第 2~n 个元素
                    str+=","+i ;
                }
            }
        }
        //显示 10000 以内所有的回文数信息
        System.out.println("10000 以内的回文数有["+count+"]个,各个回文数如下: ");
        System.out.println(str);
    }

    /**
     * 判断一个数是否为回文数的检查方法
     * @param num 要检查的数据
     */
    public static boolean isPalindrome(int num){
        String str=num+"";                      //将数字转换为字符串
        char[] arr=str.toCharArray();           //将字符串转换为字符数组
        int len=arr.length;                     //字符串的长度
        boolean flag=true;                      //回文数标志,默认为是

        //在循环中判断两端的字符是否相同
        for(int i=0;i<len/2;i++){
            //如果两端对应的字符不同,则不是回文数,结束循环
            if(arr[i]!=arr[len-1-i]){
                flag=false;                     //回文数标志为否
                break;                          //结束循环
            }
        }
        return flag;
    }
}
```

3）运行程序

程序的运行效果如图 3-3 所示。

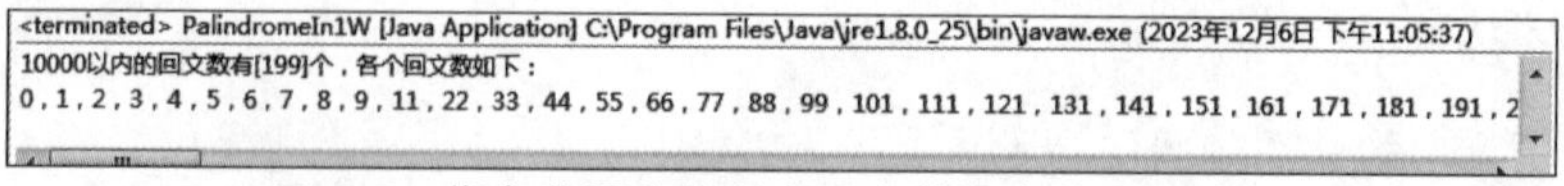

```
<terminated> PalindromeIn1W [Java Application] C:\Program Files\Java\jre1.8.0_25\bin\javaw.exe (2023年12月6日 下午11:05:37)
10000以内的回文数有[199]个，各个回文数如下：
0,1,2,3,4,5,6,7,8,9,11,22,33,44,55,66,77,88,99,101,111,121,131,141,151,161,171,181,191,2
```

图 3-3　指定范围内的所有回文数程序的运行效果

3.3.6 任务6 根据订单状态标识显示订单状态

1. 任务目的

(1) 掌握 switch-case 开关分支结构的使用方法。

(2) 掌握从键盘输入数据的方法。

2. 任务描述

在电子商务系统中,为了明确地表现订单的状态,方便买家和卖家的查询及处理,一般给定订单的几个状态标识,在显示时,要将这些标识转换为明确的提示信息,如在一个电子商务平台系统中规定如下订单状态标识及含义。

0:已取消。

10:新订单,未付款。

20:已付款,未发货。

30:已发货,未收货。

40:已收货,未评价。

50:已评价。

请编写一个程序,根据对应的标识值,输出提示信息。

3. 任务分析

根据任务描述信息,可知可以将状态标识与提示信息作为一个独立的模块(这里使用一个方法来实现),因为标识值为常量,因此采用 switch-case 开关分支结构来实现这个程序。

4. 实施步骤

1) 创建包

在项目 Lab3 中创建包 task6。

2) 创建并修改文件

在包 task6 中创建 Java 文件 OrdersState.java,修改该文件的内容如下。

```
package task6;
import java.util.Scanner;
/**
 * 订单状态提示信息
 * @author sf
 */
public class OrdersState {
    public static void main(String[] args) {
        Scanner input=new Scanner(System.in);  //输入实例
        System.out.print("请输入一个状态标识: ");
        int order_state=input.nextInt();
    System.out.println("当前的订单状态为: "+getOrderState(order_state));
        input.close();                          //关闭输入
    }
    /**
     * 将订单状态标识转换为对应提示信息
     * @param order_state 订单状态标识
     * @return 订单状态提示信息
     */
```

```
    public static String getOrderState(int order_state){
        String str="";
        switch (order_state) {
        case 10:
            str="新订单,未付款";
            break;
        case 20:
            str="已付款,未发货";
            break;
        case 30:
            str="已发货,未收货";
            break;
        case 40:
            str="已收货,未评价";
            break;
        case 50:
            str="已评价";
            break;
        default:
            str="已取消";
            break;
        }
        return str;
    }
}
```

3）运行程序

该程序的一个运行实例如下：

```
请输入一个状态标识：20
当前的订单状态为：已付款,未发货
```

第4章　循环结构

4.1　实验目的

(1) 掌握解决重复问题的3种结构。
(2) 掌握for循环的语法与使用。
(3) 掌握while循环的语法与使用。
(4) 掌握do-while循环的语法与使用。
(5) 理解3种循环各自应用的场合。
(6) 掌握break和continue关键字的使用。
(7) 理解并掌握循环嵌套的特点和使用。

4.2　实验任务

(1) 任务1：摄氏温度到华氏温度的转换表。
(2) 任务2：抽奖。
(3) 任务3：求和。
(4) 任务4：break和continue关键字。
(5) 任务5：猜数字游戏。
(6) 任务6：马克思手稿中的数学题。

4.3　实验内容

4.3.1　任务1　摄氏温度到华氏温度的转换表

1. 任务目的

(1) 掌握for循环语句的语法。
(2) 能够灵活运用for循环语句解决重复问题。

2. 任务描述

使用for语句按5℃的增量打印一个从摄氏温度到华氏温度的转换表，摄氏温度到华氏温度的转换公式为h=c*9/5+32。

3. 实施步骤

1) 算法分析

根据任务描述可知，c从0开始要重复地执行语句h=c*9/5+32，显然要借助循环结构解决。使用循环结构要搞清楚：

循环结束的条件是什么？

循环体是什么？

2）参考代码

```
public class Task1 {
    public static void main(String[] args) {
        int h, c;
        System.out.println("摄氏温度 华氏温度");
        for (c=0; c<=40; c+=5){
            h=c * 9/5+32;
            System.out.println( c+"\t"+h);
        }
    }
}
```

3）运行程序

观察结果，如图 4-1 所示。

```
<terminated> Task1 (1) [Java Application] C:\Program Files\Java\jre6\bin\javaw.exe (2023-11-18 下午9:46:42)
摄氏温度 华氏温度
0	32
5	41
10	50
15	59
20	68
25	77
30	86
35	95
40	104
```

图 4-1　从摄氏温度到华氏温度转换表

4. 任务拓展

（1）使用 while 循环语句改写程序。

（2）使用 do-while 循环语句改写程序。

4.3.2　任务 2　抽奖

1. 任务目的

（1）掌握 while 循环语句的语法。

（2）能够灵活运用 while 循环语句解决重复问题。

2. 任务描述

从键盘输入数字 1、2、3 后，可显示抽奖得到的奖品。如果为 1，输出“恭喜你得大奖，你得到一辆汽车！”；如果为 2，输出“不错呀，你得到一台笔记本计算机！”；如果为 3，输出“没有白来，你得到一台冰箱！”；如果输入其他数字显示“真不幸，你没有奖品！下次再来吧！”；如果输入 0，则停止抽奖。

3. 实施步骤

1）算法分析

Step1：从键盘输入数字。

Step2：如果数字不是 1、2、3，则显示“真不幸，你没有奖品！下次再来吧！”，程序终止，否则进入 Step3。

Step3：根据输入数字的不同，显示不同的奖品，执行 Step1。

2）参考代码

```
import java.util.Scanner;
public class Task2 {
    public static void main(String[] args) {
        Scanner input=new Scanner(System.in);
        System.out.println("请输入数字(1、2、3),输入 0 停止抽奖");
        int number=1;
        while (number!=0) {
            System.out.println("请输入数字(1、2、3)");
            number=input.nextInt();
            switch (number) {
            case 1:
                System.out.println("恭喜你得大奖,你得到一辆汽车!");
                break;
            case 2:
                System.out.println("不错呀,你得到一台笔记本计算机!");
                break;
            case 3:
                System.out.println("没有白来,你得到一台冰箱!");
                break;
            default:
                System.out.println("真不幸,你没有奖品!下次再来吧!");
            }
        }
    }
}
```

3）运行程序

观察结果,如图 4-2 所示。

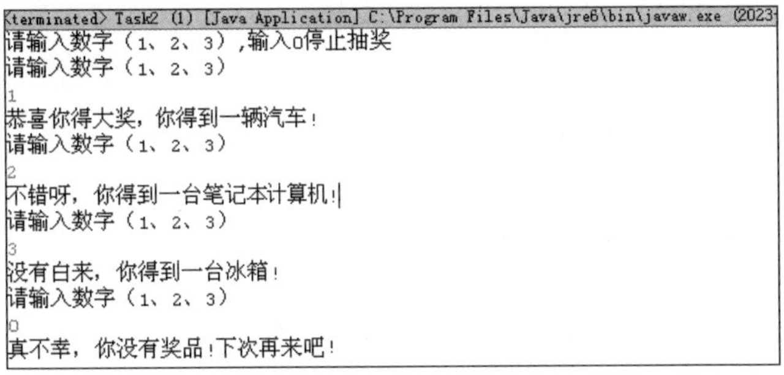

```
<terminated> Task2 (1) [Java Application] C:\Program Files\Java\jre6\bin\javaw.exe (2023
请输入数字（1、2、3），输入0停止抽奖
请输入数字（1、2、3）
1
恭喜你得大奖，你得到一辆汽车！
请输入数字（1、2、3）
2
不错呀，你得到一台笔记本计算机！
请输入数字（1、2、3）
3
没有白来，你得到一台冰箱！
请输入数字（1、2、3）
0
真不幸，你没有奖品！下次再来吧！
```

图 4-2　抽奖程序运行结果

4. 任务拓展

（1）使用 for 循环语句改写程序。

（2）使用 do-while 循环语句改写程序。

4.3.3　任务 3　求和

1. 任务目的

（1）掌握 do-while 循环语句的语法。

(2) 能够灵活运用 do-while 循环语句解决重复问题。

2. 任务描述

求 1＋2＋…＋100，并将求和表达式与所求的和显示。

3. 实施步骤

1) 算法分析

根据任务描述，这是一个典型的累加和问题。

2) 参考代码

```
public class Task3 {
    public static void main(String[] args) {
        int sum=0;
        int i=1;
        do {
            sum=sum+i;
            i++;
        } while (i<=100);
        System.out.println("sum="+sum);
    }
}
```

3) 运行程序

观察结果，如图 4-3 所示。

```
<terminated> Task3 (1) [Java A
sum=5050
```

图 4-3 求和

4. 任务拓展

(1) 使用 for 循环语句改写程序。

(2) 使用 while 循环语句改写程序。

4.3.4 任务 4 break 和 continue 关键字

1. 任务目的

(1) 理解 break 关键字的特点。

(2) 理解 continue 关键字的特点。

(3) 能够灵活运用 break 和 continue 关键字。

2. 任务描述

阅读代码，体会 break 和 continue 关键字的特点和区别。

3. 实施步骤

(1) 阅读如下程序代码段，输出结果是什么？

```
int sum=0;
for( int i=0;i<5;i++){
    if(i==3) {
        break;
    }
    sum=sum+i;
}
System.out.println("sum="+sum);
```

(2) 在 VC 环境下运行该程序,比较输出结果和你分析得出的结果是否一致?

(3) 将 break 替换为 continue 结果是什么?

(4) 讨论: break 和 continue 关键字的特点。

4. 程序拓展

修改上述程序,不使用 break 关键字达到同样的效果。

4.3.5 任务 5 猜数字游戏

1. 任务目的

(1) 理解并掌握 3 种循环结构的适用场合。

(2) 能够灵活地运用循环结构解决实际问题。

2. 任务描述

计算机随机产生一个 1～100 的数,然后用户去猜,有可能猜大了或猜小了,如果在猜的过程中计算机又不给暗示,那么用户要在 1～100 的数中猜出到底计算机心里想的是哪个数,真的是太难了。还好计算机是比较通情达理的,如果猜大了,它会提示"你猜的数太大了,继续猜吧!",这样下次猜的时候就会往小的方向猜;如果猜小了,它会提示"你猜的数太小了,继续猜吧!",再猜的时候可以往大的方向猜。这样就会逐步地缩小猜测范围,最终如果在次数没有任何限制的情况下,一定会猜到计算机心里想的那个数。最后还可以根据猜的次数,计算机给出相应的信息,如果 1 次就猜对了,输出"快来看,上帝……";如果猜的次数在 2～6 次,则输出"这么快就猜对了,你很聪明啊!";如果猜的次数超过 6 次,则输出"猜了半天才猜出来,小同志,尚须努力啊!";如果限制次数,到最后可能还没有猜出计算机心里所想,游戏就提示你游戏结束。

3. 实施步骤

1) 算法分析

猜数字游戏的过程是个重复的过程,需要使用循环结构。究竟该选择 for 循环结构、while 循环结构还是 do-while 循环结构呢? 再来回顾一下这 3 种结构的特点: for 循环适合解决一开始就能确定循环次数的情境,while 循环当满足一定条件时就会执行循环操作,do-while 循环和 while 循环的区别是至少会执行一遍循环操作。玩猜数字游戏再聪明的人也至少需要猜一次,循环操作至少会执行一遍,所以优先选用 do-while 循环。

循环条件应该是什么呢? 大家想想游戏什么时候才算结束呢? 那当然是用户猜对了。如何知道用户是否猜对了呢? 那当然是用户猜的数和随机产生的数相等的时候就不需要再猜了。所以循环条件应该是用户没有猜对时,即用户猜的数和随机产生的数如果不相等,用户就需要继续猜。

解决这个问题大致需要以下 4 个步骤。

(1) 随机产生一个 1～100 的随机数并声明一个变量 randNumber 保存这个数;声明一个变量 count,初始值为 0,记录用户猜的次数。

(2) 声明一个变量 guess 保存用户输入的猜测并与 randNumber 进行比较,如果 guess 小于 randNumber,提示用户"你猜的数太小了,继续猜吧!";如果 guess 大于 randNumber,提示用户"你猜的数太大了,继续猜吧!";使 count 的值增 1。

(3) 如果 guess 不等于 randNumber,则回到步骤(2)继续;否则执行步骤(4)。

(4) 根据用户猜测的次数及 count 的值,输出相应的信息。

2) 根据算法分析,编写程序

参考代码如下:

```
import java.util.Random;
import java.util.Scanner;
public class Task5 {
public static void main(String[] args) {
    int randNumber;                  //定义存放产生随机数的变量
    int guess;                       //存放用户所猜的数
    int count=0;                     //统计用户所猜的次数
    //产生随机数
    Random rand=new Random();
    randNumber=rand.nextInt(100)+1;
    //输入用户所猜的数,直到猜对为止,并统计用户所猜的次数
    do {
        System.out.println("请输入你猜的数:");
        Scanner input=new Scanner(System.in);
        guess=input.nextInt();
        if (guess>randNumber)
            System.out.println("你猜的数太大了,继续猜吧!");
        else if (guess<randNumber)
            System.out.println("你猜的数太小了,继续猜吧!");
        count++;
    } while (guess!=randNumber);
    //根据次数打印不同的信息
    switch (count) {
        case 1:
            System.out.println("快来看,上帝……");
            break;
        case 2:
        case 3:
        case 4:
        case 5:
        case 6:
            System.out.println("这么快就猜对了,你很聪明啊!");
            break;
        default:
        System.out.println("猜了半天才猜出来,小同志,尚须努力啊!");
            break;
    }
}
}
```

3) 运行程序

观察结果,如图 4-4 所示。

4. 程序拓展

如果玩了一次还不过瘾,还想让计算机重新生成一个随机数继续猜,请修改程序。

```
<已终止> Task5 [Java 应用程序] C:\Program Files\Java\jre1.8.0_25\bin\javaw.exe（2024年1月4日 下午7:40:58）
请输入你猜的数:
10
你猜的数太小了，继续猜吧！
请输入你猜的数:
60
你猜的数太大了，继续猜吧！
请输入你猜的数:
30
你猜的数太小了，继续猜吧！
请输入你猜的数:
45
这么快就猜对了，你很聪明啊！
```

图 4-4　猜数字游戏过程

4.3.6　任务 6　马克思手稿中的数学题

1. 任务目的

(1) 理解并掌握循环嵌套结构。

(2) 能够灵活地运用循环嵌套结构解决实际问题。

(3) 能够灵活运用穷举法解决实际问题。

2. 任务描述

编程求解马克思手稿中的数学题。马克思手稿中有一道趣味数学题：有 30 个人，其中有男人、女人和小孩，在一家饭馆里吃饭共花了 50 先令，每个男人各花 3 先令，每个女人各花 2 先令，每个小孩各花 1 先令，问男人、女人和小孩各几人？

3. 实施步骤

1) 算法分析

设男人人数为 x 人，女人人数为 y 人，小孩人数为 z，则可以得到以下方程组：

$$x+y+z=30$$

$$3*x+2*y+z=50$$

两个方程组，3 个未知数，通过我们所掌握的数学知识，这个解是无法直接求解出来的。但是通过上述方程组，可以初步的确定 x、y 的最大取值：x 的最大取值为 16，y 的最大取值为 25，z=30−x−y。

x	y	z=30−x−y	3*x+2*y+z 是否等于 50
1	1	28	否
1	2	27	否
1	3	26	否
⋮	⋮	⋮	⋮
1	25	4	否
2	1	27	否
2	2	26	否
⋮	⋮	⋮	⋮
2	16	12	是
2	3	25	否
⋮	⋮	⋮	⋮
2	25	3	否
…	…	…	…

通过以上分析可知：在男人人数为 1 的情况下，女人人数要依次从 1 试探到 25，女人人数试探了一遍，男人人数才开始下一轮。这个题目又具备了嵌套循环的典型特征。

2）根据算法分析，编写程序

参考代码如下：

```
public class Task6 {
    public static void main(String[] args) {
    for(int x=1;x<=16;x++){             //外循环试探男人人数
        for(int y=1;y<=25;y++){         //内循环试探女人人数
            int z=30-x-y;               //x、y 确定了，z 的值可以直接得出
                //此时只需要判断另一个方程式是否成立
                if(3*x+2*y+z==50){
                    System.out.println("x="+x+"y="+y+"z="+z);
                }
        }
    }
    }
}
```

3）运行程序

观察结果，如图 4-5 所示。

```
<terminated> Task6 [Java Application] C:\Program Files\Java\jre6\bin\javaw.exe (2023-11-24 上午9:38:26)
x=1y=18z=11
x=2y=16z=12
x=3y=14z=13
x=4y=12z=14
x=5y=10z=15
x=6y=8z=16
x=7y=6z=17
x=8y=4z=18
x=9y=2z=19
```

图 4-5　马克思手稿中的数学题求解

4. 程序拓展

编程实现百钱买百鸡问题：100 元买 100 只鸡，公鸡每只五元，母鸡每只三元，小鸡三只一元，问公鸡、母鸡、小鸡各买多少只？

第 5 章　数　　组

5.1　实验目的

（1）理解并掌握数组的声明、创建、初始化和遍历。

（2）理解数组创建时的内存变化情况。

（3）掌握经典的排序算法——冒泡排序和选择法排序。

（4）掌握经典的二分查找算法的思路。

（5）掌握 Arrays 类的使用。

（6）掌握对象数组的创建和使用。

（7）掌握二维数组的创建和使用。

5.2　实验任务

（1）任务 1：成绩统计。

（2）任务 2：食堂饭菜质量评价。

（3）任务 3：打印杨辉三角形。

5.3　实验内容

5.3.1　任务 1　成绩统计

1. 任务目的

（1）数组的声明、创建、初始化和遍历。

（2）能够灵活运用一维数组解决实际问题。

2. 任务描述

从键盘输入若干学生（假设不超过 100）的成绩，计算平均成绩，并输出高于平均分的学生人数及成绩。这里约定输入成绩为 101 时结束。

3. 实施步骤

1）算法分析

首先简要分析一下求平均分的算法思路。

step1：定义数组，数组的长度为 100。

step2：循环录入学生成绩并累加，如果录入成绩为 101，则跳出循环。

step3：平均分＝累加和/录入成绩的个数。

下面再简要分析一下输出高于平均分的学生人数及成绩的实现思路：设置一个计数器，初始值为 0，遍历数组，发现高于平均分的就输出并对计数器加 1。

2）参考代码

```
public class Task1 {
    public static void main(String[] args) {
        float[] score=new float[100];
        Scanner input=new Scanner(System.in);
        float sum=0;                          //累加和
        int i;
        for(i=0;i<score.length;i++){
            System.out.print("请输入第"+(i+1)+"名的学生成绩：");
            score[i]=input.nextFloat();
            if(score[i]==101){
                break;
            }
            sum+=score[i];
        }
        float average=sum/i;
        System.out.println("平均分为："+average);
        int count=0;                          //统计高于平均分的学生人数
        for(int j=0;j<i;j++){
            if(score[j]>average){
                System.out.println("第"+(j+1)+"名的学生成绩为："+score[j]);
                count++;
            }
        }
        System.out.println("成绩高于平均分的有"+count+"人");
    }
}
```

3）运行程序

观察结果，如图 5-1 所示。

```
<terminated> Task1 (2) [Java Application] C:\Program Files\Java\jre6\bin\javaw.exe (2023-11-24 下午12:47:13)
请输入第1名的学生成绩: 78
请输入第2名的学生成绩: 67
请输入第3名的学生成绩: 89
请输入第4名的学生成绩: 99
请输入第5名的学生成绩: 67
请输入第6名的学生成绩: 56
请输入第7名的学生成绩: 101
平均分为: 76.0
第1名的学生成绩为: 78.0
第3名的学生成绩为: 89.0
第4名的学生成绩为: 99.0
成绩高于平均分的有3人
```

图 5-1　成绩统计

4. 任务拓展

（1）输出最高分和最低分。

（2）成绩排序输出。

5.3.2　任务 2　食堂饭菜质量评价

1. 任务目的

能够灵活运用数组解决实际问题。

2. 任务描述

要求 20 名同学对学生食堂饭菜的质量进行 1～5 的评价(1 表示很差,5 表示很好)。将这 20 个结果输入整型数组,并对打分结果进行分析。

3. 实施步骤

1) 算法分析

统计每个分数对应的学生人数。学生最终的打分情况可以借助一个整型数组 answers 保存。首先定义一个包含 20 个打分结果的 answers 数组,然后再定义一个包含 6 个元素的数组 frequency 统计各种评价的次数,frequency 中的每个元素此时都被看成一个得分的计数器,其默认的初始值为 0。为何要将数组长度定义为 6 呢？我们想让 frequency[1]统计的是分值 1 的次数,frequency[2]统计的是分值 2 的次数,…,frequency[5]统计的是分值 5 的次数,这样正好一一对应起来,这里忽略 frequency[0]。例如,读入第一个学生的评价,他的评价是 5 分,就将 frequency[5]的计数值加 1。当遍历完 answers 数组后,对应的 frequency 数组里面也已经统计完了。

2) 参考代码

```
public class Task2 {
    public static void main(String[] args) {
        int[] answers={3,1,2,5,4,2,2,3,4,5,1,2,3,4,2,1,3,2,
                4,2};
        int[] frequency=new int[6];
        for (int i=0; i<20; i++) {
            frequency[answers[i]]++;
        }
        System.out.println("分值\t 学生数");
        for (int i=1; i<6; i++) {
            System.out.println(i+"\t"+frequency[i]);
        }
    }
}
```

3) 运行程序

观察结果,如图 5-2 所示。

```
<terminated> Task2 (2) [Java Application] C:\Program Files\Java\jre6\bin\javaw.exe (2023-11-24 下午2:00:48)
分值    学生数
1       3
2       7
3       4
4       4
5       2
```

图 5-2　食堂饭菜质量评价

4. 任务拓展

输出对食堂饭菜质量的最终评价分数。

5.3.3　任务 3　打印杨辉三角形

1. 任务目的

(1) 理解并掌握二维数组的创建和使用。

(2) 能够灵活运用二维数组解决实际问题。

2. 任务描述

杨辉三角形(又称贾宪三角形、帕斯卡三角形)是二项式系数在三角形中的一种几何排列。要求打印如图 5-3 所示的杨辉三角形。

```
<terminated> Task3 (2) [Java Application] C:\Program Files\Java\jre6\bin\javaw.exe (2023-11-24 下午2:21:55)
1
1 1
1 2 1
1 3 3 1
1 4 6 4 1
1 5 10 10 5 1
```

图 5-3 杨辉三角形

3. 实施步骤

1) 算法分析

将图 5-3 可以看成由行和列组成的,用 i 表示行,用 j 表示列,均从 0 开始,分析图 5-3 可以发现如下规律:

如果 j 为 0 时或者对角线上,即 i==j 时数字为 1。

其他情况 a[i][j]=a[i-1][j-1]+a[i-1][j]。

2) 参考代码

```
public class Task3 {
    public static final int ROW=6;                        //设置行数
    public static void main(String[] args) {
        int a[][]=new int[ROW][];
        for (int i=0; i<ROW; i++) {                       //循环初始化数组
            a[i]=new int[i+1];
        }
        for (int i=0; i<ROW; i++) {                       //循环行数
            for (int j=0; j<=a[i].length-1; j++) {        //在行基础上循环列数
                if (j==0 || i==j)
                    a[i][j]=1;                            //将两侧元素设为 1
                else
                    //元素值为其正上方元素与左上角元素之和
                    a[i][j]=a[i-1][j-1]+a[i-1][j];
            }
        }
        for (int i=0; i<ROW; i++) {                       //循环行数
            for (int j=0; j<=a[i].length-1; j++)
                //在行基础上循环列数
                System.out.print(a[i][j]+" ");            //输出
            System.out.println();                         //换行
        }
    }
}
```

3) 运行程序

观察结果,如图 5-3 所示。

4. 任务拓展

输出等腰三角形形状的杨辉三角形。

第6章　类和对象

6.1　实验目的

（1）理解和掌握面向对象的设计过程。
（2）会用类图进行面向对象设计。
（3）掌握类的结构和定义过程。
（4）掌握对象的创建和使用。
（5）掌握构造方法及其重载。
（6）掌握封装的实现及好处。
（7）掌握 static 关键字、包和访问控制修饰符的使用。

6.2　实验任务

（1）任务1：手机类的封装。
（2）任务2：基于控制台的购书系统。
（3）任务3：简单投票程序。

6.3　实验内容

6.3.1　任务1　手机类的封装

1. 任务目的

（1）理解和掌握面向对象的设计过程。
（2）掌握类的结构和定义过程。
（3）掌握构造方法及其重载。
（4）掌握对象的创建和使用。

2. 任务描述

参考图6-1，使用面向对象的思想模拟手机类（Phone），编写测试类，使用手机类创建对象，测试手机的各个属性和功能。

3. 实施步骤

1）任务分析

通过对现实中手机的分析，手机类具有以下属性和功能。

（1）具有属性：品牌（brand）、型号（type）、操作系统

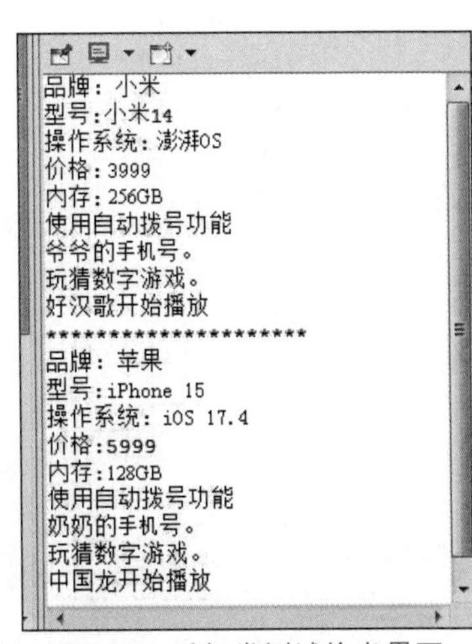

图6-1　手机类测试输出界面

(os)、价格(price)和内存(memory)。

(2) 具有功能：查看手机信息(about())，打电话(call(String no))、玩游戏(如玩猜数字游戏)。

2) UML 类图设计

通过上面的分析，可把手机类使用 UML 类图表示成如图 6-2 所示。

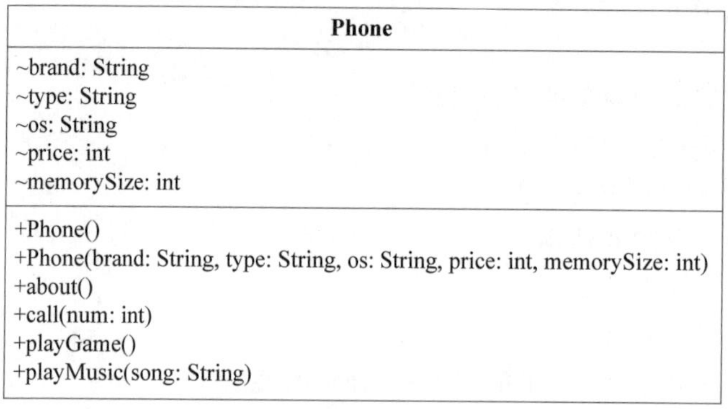

Phone
~brand: String ~type: String ~os: String ~price: int ~memorySize: int
+Phone() +Phone(brand: String, type: String, os: String, price: int, memorySize: int) +about() +call(num: int) +playGame() +playMusic(song: String)

图 6-2 手机类 UML 类图

3) 代码实现

手机类 Phone.java 参考代码如下：

```
package ch6.task1;
public class Phone {
    String brand;                          //品牌
    String type;                           //型号
    String os;                             //操作系统
    int price;                             //价格
    int memorySize;                        //内存
    //无参构造方法
    public Phone() {
    }
    //有参构造方法,进行属性初始化
    public Phone(String brand, String type, String os, int price, int memorySize) {
        this.brand=brand;
        this.type=type;
        this.os=os;
        this.price=price;
        this.memorySize=memorySize;
    }
    //关于本机
    public void about(){
        System.out.println("品牌: "+brand+"\n 型号:"+type+"\n 操作系统:"+os+"\n
                      价格:"+price+"\n 内存:"+memorySize+"GB");
    }
    //打电话方法
    public void call(int num){
        System.out.println("使用自动拨号功能");
        String phoneNo="";
```

```
        switch(num){
        case 1:phoneNo="爷爷的手机号。";break;
        case 2:phoneNo="奶奶的手机号。";break;
        case 3:phoneNo="爸爸的手机号。";break;
        case 4:phoneNo="妈妈的手机号。";break;
        }
        System.out.println(phoneNo);
    }
    //玩游戏方法
    public void playGame(){
        System.out.println("玩猜数字游戏。");
    }
    //下载音乐方法
    public void downloadMusic(String song){
        System.out.println(song+"开始下载……");
        System.out.println(song+"下载完毕");
    }
    //播放音乐方法
    public void playMusic(String song){
        System.out.println(song+"开始播放");
    }
}
```

测试类 PhoneTest.java 代码参考如下：

```
package ch6.task1;
public class PhoneTest {
    public static void main(String[] args) {
        //调用无参构造方法创建手机对象 phone1
        Phone phone1=new Phone();
        //phone1 对象通过"."运算符调用自己的属性并赋值
        phone1.brand="小米";
        phone1.type="小米 14";
        phone1.price=3999;
        phone1.os="澎湃 OS";
        phone1.memorySize=256;
        //对 phone1 的各项功能进行测试
        phone1.about();
        phone1.call(1);
        phone1.playGame();
        phone1.playMusic("好汉歌");
        System.out.println("**********************");
        //调用有参构造方法创建手机对象 phone2,同时为手机属性赋值
        Phone phone2=new Phone("苹果","iPhone 15","iOS 17.4",5999,128);
        //对 phone2 各项功能进行测试
        phone2.about();
        phone2.call(2);
        phone2.playGame();
        phone2.playMusic("中国龙");
    }
}
```

4）运行程序

观察结果，如图 6-1 所示。

4. 任务拓展

（1）手机类的 playGame()方法中实现真正的猜数字，该如何实现呢？

提示：一种方式，在 playGame()方法体内把前面猜数字游戏的实现重新写一遍；另一种方式，把猜数字游戏单独封装为一个类，在 playGame()方法体内创建猜数字游戏类对象并调用相应方法实现猜数字。思考一下，哪种方式更好呢？

（2）可以继续给手机类添加其他功能，如计算器等，同样可以单独封装计算器类，在手机类的计算方法中调用。

（3）通过手机类的实现过程体会面向对象设计思想。

6.3.2　任务 2　基于控制台的购书系统

1. 任务目的

（1）理解和掌握面向对象的设计过程。

（2）会用类图进行面向对象设计。

（3）掌握封装的实现及好处。

（4）掌握包和访问控制修饰符的使用。

2. 任务描述

开发基于控制台的购书系统。

（1）输出所有图书的信息：包括每本图书的图书编号、图书名称、图书单价和库存数量。

（2）顾客购买图书：根据提示输入图书编号来购买图书，并根据提示输入购买图书数量（用户必须连续购书 3 次）。

（3）购书完毕后输出顾客的图书订单信息：包括图书订单号、订单项列表和订单总额。

系统运行结果参考图 6-3。

```
          图书列表
图书编号 图书名称          图书单价 库存数量
-------------------------------------------
1        Java教程          30.6     30
2        JSP 指南          42.1     40
3        SSH 架构          47.3     15
-------------------------------------------
请输入图书编号选择图书：1
请输入购买图书数量：2
请继续购买图书。
请输入图书编号选择图书：2
请输入购买图书数量：2
请继续购买图书。
请输入图书编号选择图书：3
请输入购买图书数量：2
请继续购买图书。

          图书订单
图书订单号：00001
图书名称          购买数量 图书单价
-------------------------------------------
Java教程          2        30.6
JSP 指南          2        42.1
SSH 架构          2        47.3
-------------------------------------------
240.0
订单总额：                 240.0
```

图 6-3　系统运行界面

3. 实施步骤

1）任务分析

该系统中必须包括 3 个实体类，类名及属性设置如下：

```
图书类(Book)
    图书编号(id)
    图书名称(name)
    图书单价(price)
    库存数量(storage)
订单项类(OrderItem)
    图书 (book)
    购买数量(num)
订单类(Order):
    图书订单号(orderId)
    订单项列表(items)
    订单总额(total)
```

2）UML 类图设计

购书系统 UML 类图如图 6-4 所示。

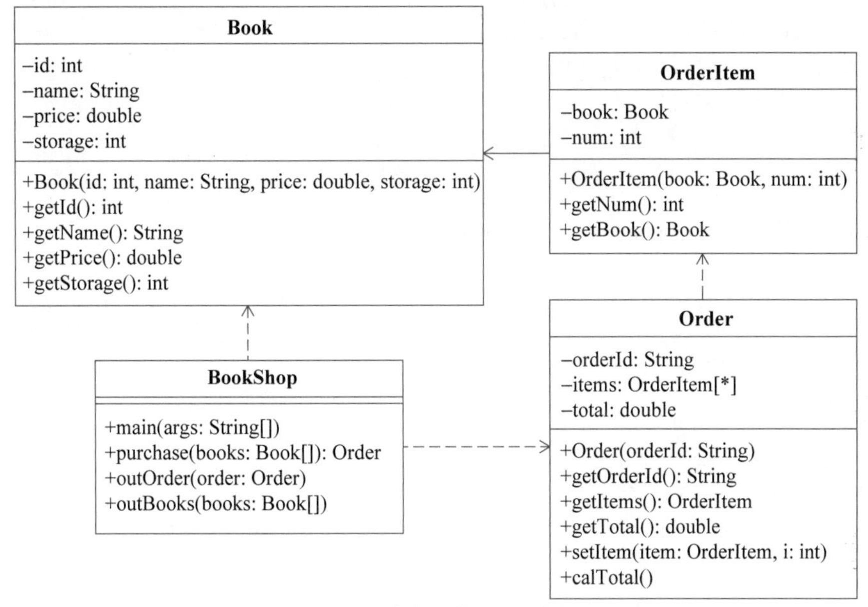

图 6-4　购书系统 UML 类图

3）代码实现

图书类 Book.java 参考代码如下：

```
package task1.bookshop;
//图书类
public class Book {
    private int id;                          //图书编号
    private String name;                     //图书名称
```

```java
    private double price;                          //图书单价
    private int storage;                           //库存数量
    //有参构造方法
    public Book(int id,String name,double price,int storage) {
        this.id=id;
        this.name=name;
        this.price=price;
        this.storage=storage;
    }
    //获取图书编号
    public int getId() {
        return id;
    }
    //获取图书名称
    public String getName() {
        return name;
    }
    //获取图书单价
    public double getPrice() {
        return price;
    }
    //获取库存数量
    public int getStorage() {
        return storage;
    }
}
```

订单项类 OrderItem.java 参考代码如下：

```java
package task1.bookshop;
//订单项类
public class OrderItem {
    private Book book;                             //图书对象
    private int num;                               //购买数量
    //有参构造方法
    public OrderItem(Book book,int num) {
        this.book=book;
        this.num=num;
    }
    //获取购买数量
    public int getNum() {
        return num;
    }
    //获取图书对象
    public Book getBook() {
        return book;
    }
}
```

订单类 Order.java 参考代码如下：

```
package task1.bookshop;
//订单类
public class Order {
    private String orderId;                         //图书订单号
    private OrderItem items[];                      //订单项列表
    private double total;                           //订单总额
    //有参构造方法
    public Order(String orderId) {
        this.orderId=orderId;
        this.items=new OrderItem[3];                //为订单项列表分配空间
    }
    //获取图书订单号
    public String getOrderId() {
        return orderId;
    }
    //获取订单项列表
    public OrderItem[] getItems() {
        return items;
    }
    //获取订单总额
    public double getTotal() {
        calTotal();
        return total;
    }
    //指定一个订单项
    public void setItem(OrderItem item,int i) {
        this.items[i]=item;
    }
    //计算订单总额
    public void calTotal() {
        double total=0;
        for (int i=0; i<items.length; i++) {
            total+=items[i].getNum() * items[i].getBook().getPrice();
        }
        this.total=total;
    }
}
```

主类 BookShop.java 参考代码如下：

```
package task1.bookshop;
import java.util.Scanner;
//图书商店类
public class BookShop {
    public static void main(String[] args) {
        Book books[]=new Book[3];
        //1. 模拟从数据库中读出图书信息并输出
        outBooks(books);
        //2. 顾客购买图书
```

```
        Order order=purchase(books);
        //3. 输出订单信息
        outOrder(order);
    }
    //顾客购买图书
    public static Order purchase(Book books[]) {
        Order order=new Order("00001");
        OrderItem item=null;
        Scanner in=new Scanner(System.in);
        for (int i=0; i<3; i++) {
            System.out.print("请输入图书编号选择图书: ");
            int cno=in.nextInt();
            System.out.print("请输入购买图书数量: ");
            int pnum=in.nextInt();
            item=new OrderItem(books[cno-1],pnum);
            order.setItem(item,i);
            System.out.println("请继续购买图书。");
        }
        return order;
    }
    //输出订单信息
    public static void outOrder(Order order) {
        System.out.println("\n\t 图书订单");
        System.out.println("图书订单号: "+order.getOrderId());
        System.out.println("图书名称\t\t 购买数量\t 图书单价");
        System.out.println("-------------------------------------------");
        OrderItem items[]=order.getItems();
        for (int i=0; i<items.length; i++) {
            System.out.println(items[i].getBook().getName()+"\t"+items[i].getNum()
                +"\t "+items[i].getBook().getPrice());
        }
        System.out.println("-------------------------------------------");
        System.out.println("订单总额: \t\t"+order.getTotal());
    }
    //模拟从数据库中读出图书信息并输出
    public static void outBooks(Book books[]) {
        books[0]=new Book(1,"Java 教程 ",30.6,30);
        books[1]=new Book(2,"JSP 指南 ",42.1,40);
        books[2]=new Book(3,"SSH 架构 ",47.3,15);
        System.out.println("\t 图书列表");
        System.out.println("图书编号\t 图书名称\t\t 图书单价\t 库存数量");
        System.out.println("----------------------------------------");
        for (int i=0; i<books.length; i++) {
            System.out.println(i+1+"\t"+books[i].getName()+"\t"
                    +books[i].getPrice()+"\t "+books[i].getStorage());
        }
        System.out.println("----------------------------------------");
    }
}
```

4）运行程序

观察结果，如图 6-3 所示。

4. 任务拓展

上例中图书购买次数为 3，可不可以修改程序，实现读者按照自己需求决定购买图书次数？

6.3.3 任务 3 简单投票程序

1. 任务目的

（1）掌握 static 关键字的使用。

（2）区分实例变量和类变量、实例方法和类方法的区别。

2. 任务描述

编写一个简单投票程序，实现选民投票，每个选民只能投一次票，当投票总数达到 100 时或者主观结束投票时投票程序结束，同时统计投票选民和投票结果。程序运行结果如图 6-5 所示。

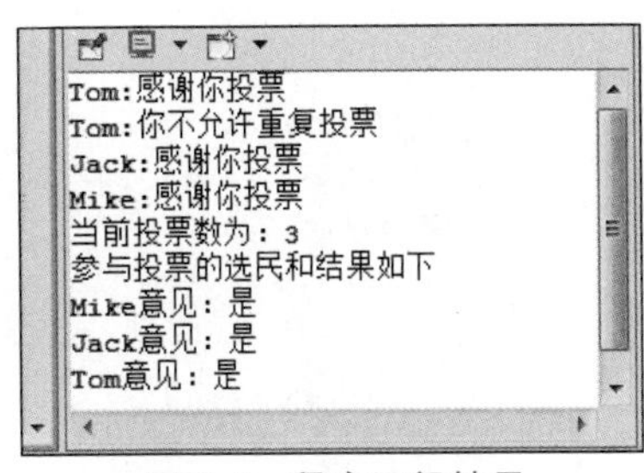

图 6-5 程序运行结果

3. 实施步骤

1）任务分析

从任务描述中抽象出选民 Voter 类，它具有投票人、最大投票数、当前投票数和投票意见。因为所有选民都会改变同一个数据，即投票次数，因此把它定义为静态变量：

```
private static int count;                                    //投票数
```

另外，为了防止选民重复投票，必须保存已经参与投票的选民信息，可采用一个集合来存放已经投票的选民对象。

```
private static Set<Voter>voters=new HashSet<Voter>();        //存放已经投票的选民
```

最后，编写测试 Voter 类的投票和打印投票结果功能。

注：关于 Set 集合的用法可参考第 13 章 Java 集合框架，在此作为一个容器来存放选民，而且放入的对象不能重复。

2）代码实现

Voter.java 类参考代码如下：

```
package task1.statictest;
import java.util.HashSet;
import java.util.Set;
public class Voter {
    /**属性的定义*/
    private static final int MAX_COUNT=100;        //静态常量，最大投票数
    private static int count;                      //静态变量，投票数
    //静态变量，存放已经投票的选民
    private static Set<Voter>voters=new HashSet<Voter>();
```

```
    private String name;                        //实例变量,投票人
    private String answer;                      //实例变量,投票意见
    /**构造方法*/
    public Voter(String name) {
        this.name=name;
    }
    /**投票*/
    public void voterFor(String answer){
        if(count==MAX_COUNT){
            System.out.println("投票结束");
            return;
        }
        if(voters.contains(this))
            System.out.println(name+":你不允许重复投票");
        else {
            this.answer=answer;
            count++;
            voters.add(this);
            System.out.println(name+":感谢你投票");
        }
    }
    /**打印投票结果*/
    public static void printVoterResult(){
        System.out.println("当前投票数为: "+count);
        System.out.println("参与投票的选民和结果如下");
        for(Voter voter:voters){
            System.out.println(voter.name+"意见: "+voter.answer);
        }
    }
    /**main()方法*/
    public static void main(String[] args){
        //创建选民对象
        Voter tom=new Voter("Tom");
        Voter jack=new Voter("Jack");
        Voter mike=new Voter("Mike");
        //选民开始投票
        tom.voterFor("是");
        tom.voterFor("否");
        jack.voterFor("是");
        mike.voterFor("是");
        Voter.printVoterResult();               //打印投票结果
    }
}
```

3）程序运行结果

程序运行结果如图 6-5 所示。

第7章　继　　承

7.1　实验目的

（1）掌握继承的实现和作用。

（2）掌握方法重写。

（3）掌握继承关系中的构造方法和子类对象的构造过程。

（4）掌握 this、super 和 final 关键字的使用。

（5）掌握 toString 方法的使用。

7.2　实验任务

（1）任务1：公司雇员类封装。

（2）任务2：汽车租赁系统。

（3）任务3：饲养员喂养动物。

7.3　实验内容

7.3.1　任务1　公司雇员类封装

1. 任务目的

（1）掌握继承的实现和作用。

（2）掌握方法重写。

（3）掌握继承关系中的构造方法和子类对象的构造过程。

（4）掌握 this、super 关键字的使用。

2. 任务描述

某公司所有员工根据领取薪金的方式分为如下几类：计时工（hourlyworker）、管理人员（manager）。计时工按工作的小时支付工资，每月工作超出160小时的部分按照1.5倍工资发放。管理人员按照级别不同得到固定的工资。编写一个程序实现该公司的所有员工类，并加以测试。运行结果参考图7-1。

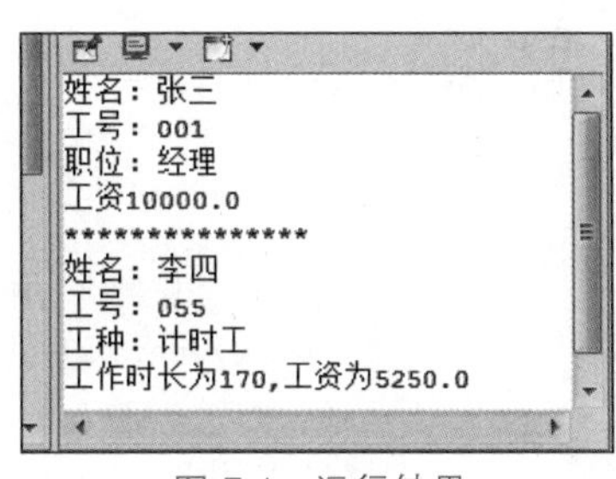

图7-1　运行结果

3. 实施步骤

1）任务分析

通过任务描述得知，无论计时工还是管理人员都属于公司雇员，所以可以定义雇员类（Employee）作为父类，计时工类（HourlyEmployee）和管理人员类（Manager）作为子类，相关类具体需求如下。

雇员类(Employee)具有的属性包括姓名(name)、工号(no)和薪水(salary),具有的方法包括构造方法(为 name、no 属性赋值)、打印信息。

计时工类(HourlyEmployee)继承父类的属性和方法的同时,新增 salaryPerHour、hourPerMonth 属性,同时新增计算工资方法、重写打印信息方法。

管理人员类(Manager)继承父类的属性和方法的同时,新增 level 属性,同时新增计算工资方法、重写打印信息方法。

2) UML 类图设计

根据以上分析,使用 UML 类图设计雇员类继承关系如图 7-2 所示。

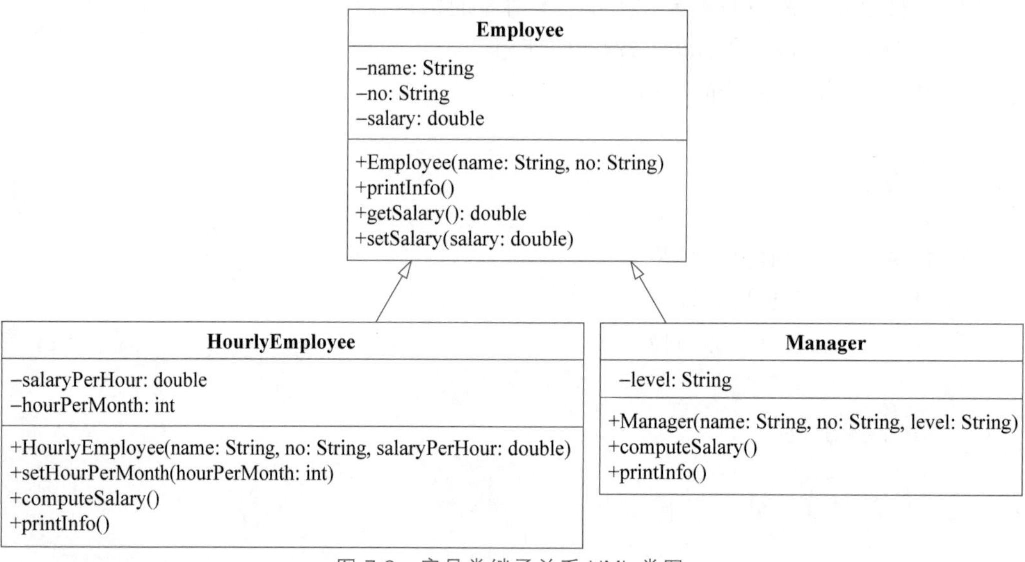

图 7-2 雇员类继承关系 UML 类图

3) 代码实现

父类 Employee.java 参考代码如下:

```
package ch7.task1;
public class Employee {
    private String name;                        //姓名
    private String no;                          //工号
    private double salary;                      //薪水
    //构造方法,初始化姓名、工号
    public Employee(String name,String no) {
        this.name=name;
        this.no=no;
    }
    //打印信息方法
    public void printInfo(){
        System.out.println("姓名: "+name+"\n 工号: "+no);
    }
    //属性 salary 的 getter/setter 方法
    public double getSalary() {
```

```
        return salary;
    }
    public void setSalary(double salary) {
        this.salary=salary;
    }
}
```

子类 HourlyEmployee .java 参考代码如下：

```
package ch7.task1;
public class HourlyEmployee extends Employee {
    private double salaryPerHour;                    //每小时工资
    private int hourPerMonth;                        //月工时数
    //构造方法,初始化姓名、工号、每小时工资
    public HourlyEmployee(String name,String no,double salaryPerHour) {
        super(name,no);
        this.salaryPerHour=salaryPerHour;
    }
    //设定月工时数
    public void setHourPerMonth(int hourPerMonth) {
        this.hourPerMonth=hourPerMonth;
    }
    //计时工计算工资方法
    public void computeSalary() {
        if (this.hourPerMonth<160) {             //160 小时内
            setSalary(salaryPerHour * this.hourPerMonth);
        } else {                                 //超过 160 小时
                setSalary ((this.salaryPerHour * (hourPerMonth-160) * 1.5)+
                           (160 * this.salaryPerHour));
        }
    System.out.println("工作时长为"+hourPerMonth+",工资为"+getSalary());
    }
    //重写打印信息方法
    public void printInfo(){
        super.printInfo();
        System.out.println("工种: 计时工");
    }
}
```

子类 Manager.java 参考代码如下：

```
package ch7.task1;
public class Manager extends Employee{
    private String level;                            //管理者级别
    //构造方法,初始化姓名、工号、级别
    public Manager(String name,String no,String level) {
        super(name,no);
        this.level=level;
    }
```

```
    //管理者工资计算方法
    public void computeSalary(){
        if(level.equals("经理")){
            setSalary(10000);
        }else if(level.equals("副经理")){
            setSalary(6000);
        }else if(level.equals("车间主任")){
            setSalary(4000);
        }else{
            setSalary(3000);
        }
        System.out.println("工资"+getSalary());
    }
    //重写打印信息方法
    public void printInfo(){
        super.printInfo();
        System.out.println("职位: "+level);
    }
}
```

测试类 Test.java 参考代码如下：

```
package ch7.task1;
public class Test {
    public static void main(String[] args) {
        Manager m=new Manager("张三","001","经理");
        m.printInfo();
        m.computeSalary();
        System.out.println("***************");
        HourlyEmployee he=new HourlyEmployee("李四","055",10);
        he.printInfo();
        he.setHourPerMonth(170);
        he.computeSalary();
    }
}
```

4）运行程序

观察结果，如图 7-1 所示。

4. 任务拓展

继续添加计件工、销售人员等雇员类，体会继承带来的好处。

7.3.2 任务 2 汽车租赁系统

1. 任务目的

（1）掌握继承的实现和作用。

（2）掌握方法重写。

(3) 掌握继承关系中的构造方法和子类对象的构造过程。

(4) 掌握 this、super 关键字的使用。

2. 任务描述

某汽车租赁公司出租多种轿车和客车，出租费以日为单位计算，不同车型日租金情况如表 7-1 所示。

表 7-1　不同车型日租金情况

类　别	轿　车			客　车	
车型	商务舱 GL8	宝马 550i	林荫大道	≤19 座	>19 座
日租金(元/天)	600	500	300	800	1200

采用面向对象的思想编程实现计算不同车型不同天数的租赁费用，运行结果如图 7-3 所示。

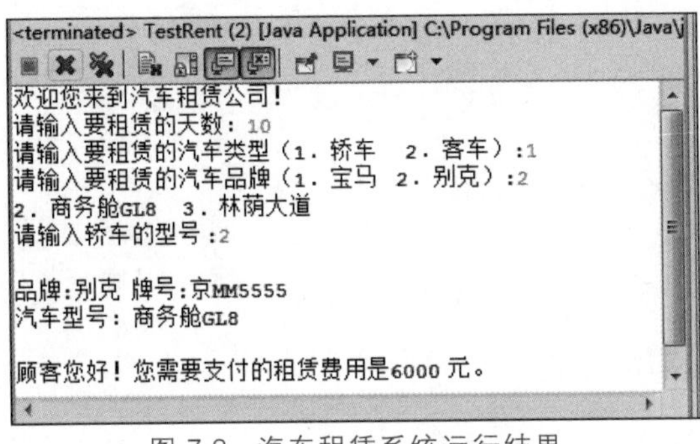

图 7-3　汽车租赁系统运行结果

3. 实施步骤

1) 任务分析

通过任务描述，汽车租赁公司有轿车类和客车类，而它们都具有共同的特征，所以可以抽象出汽车类(MotoVehicle)作为父类，轿车类(Car)和客车类(Bus)作为子类。它们主要属性和方法如下。

(1) MotoVehicle 类具有的属性：牌号(no)、品牌(brand)。

具有的方法：打印汽车信息(printInfo())、计算租金方法(int calRent(int days))。

(2) Car 类继承 MotoVehicle 类的属性，同时新增属性：汽车型号(type)。

具有的方法：重写计算租金方法(按汽车型号计算)、重写打印汽车信息方法。

(3) Bus 类继承 MotoVehicle 类的属性，同时新增属性：座位数(seatCount)。

具有的方法：重写计算租金方法(按汽车座位数计算)、重写打印汽车信息方法。

TestRent 类为主类，在其 main()方法中对汽车租赁系统进行测试。

2) UML 类图设计

汽车租赁系统 UML 类图如图 7-4 所示。

3) 代码实现

父类 MotoVehicle.java 参考代码如下：

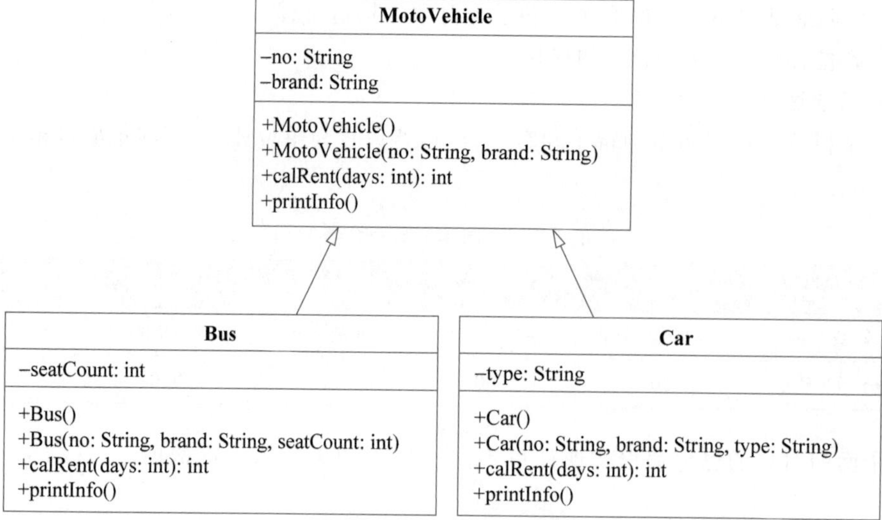

图 7-4　汽车租赁系统 UML 类图

```
package ch7.task2;
/**父类汽车类 */
public class MotoVehicle {
    private String no;                                    //牌号
    private String brand;                                 //品牌
    /**无参构造方法 */
    public MotoVehicle() {
    }
    /**初始化牌号、品牌有参构造方法 */
    public MotoVehicle(String no,String brand) {
        this.no=no;
        this.brand=brand;
    }
    public String getNo() {
        return no;
    }
    public String getBrand() {
        return brand;
    }
    /**计算汽车租赁费用 */
    public int calRent(int days){
        return 0;
    }
    /**打印汽车品牌和牌号 */
    public void printInfo(){
        System.out.println("\n 品牌:"+brand+" 牌号:"+no);
    }
}
```

子类 Car .java 参考代码如下：

```
package ch7.task2;
/**轿车类,继承汽车类*/
public class Car extends MotoVehicle {
    private String type;                              //汽车型号
    public Car() {
    }
    public Car(String no,String brand,String type) {
        super(no,brand);
        this.type=type;
    }
    public String getType() {
        return type;
    }
    public void setType(String type) {
        this.type=type;
    }
    /**重写父类计算客车租赁费用方法*/
    public int calRent(int days) {
        if (type.equals("550i")) {                    //汽车型号是宝马 550i
            return days * 500;
        } else if (type.equals("商务舱 GL8")) {       //汽车型号是别克商务舱 GL8
            return 600 * days;
        } else {
            return 300 * days;
        }
    }
    /**重写父类打印汽车信息方法*/
    public void printInfo(){
        super.printInfo();
        System.out.println("汽车型号: "+type);
    }
}
```

子类 Bus.java 参考代码如下：

```
package ch7.task2;
/**客车类,继承汽车类*/
public final class Bus extends MotoVehicle {
    private int seatCount;                            //座位数
    public Bus() {
    }
    public Bus(String no,String brand,int seatCount) {
        super(no,brand);
        this.seatCount=seatCount;
    }
    public int getSeatCount() {
        return seatCount;
    }
    public void setSeatCount(int seatCount) {
```

```
        this.seatCount=seatCount;
    }
    /**重写父类计算客车租赁费用方法*/
    public int calRent(int days) {
        if (seatCount<=19) {
            return days * 800;
        } else {
            return days * 1500;
        }
    }
    /**重写父类打印汽车信息方法*/
    public void printInfo(){
        super.printInfo();
        System.out.println("客车座位数:"+seatCount);
    }
}
```

测试类 TestRent.java 参考代码如下：

```
package ch7.task2;
import java.util.Scanner;
/**主类 TestRent*/
public class TestRent {
    public static void main(String[] args) {
        String no,brand,answer,type;
        int seatCount,days,rent;
        Car car;
        Bus bus;
        Scanner input=new Scanner(System.in);
        System.out.println("欢迎您来到汽车租赁公司!");
        System.out.print("请输入要租赁的天数: ");
        days=input.nextInt();
        System.out.print("请输入要租赁的汽车类型(1.轿车   2.客车):");
        answer=input.next();
        if("1".equals(answer)){
            System.out.print("请输入要租赁的汽车品牌(1.宝马   2.别克):");
            answer=input.next();
            if("1".equals(answer)){
                System.out.println("1.550i: ");
                brand="宝马";}
            else{
                brand="别克";
                System.out.print("2.商务舱 GL8   3.林荫大道");
            }
            System.out.println("请输入轿车的型号:");
            answer=input.next();
            if("1".equals(answer)){
                type="550i";
            }else if("2".equals(answer)){
```

```
                type="商务舱 GL8";
            }else{
                type="林荫大道";
            }
            no="京 MM5555";                          //简单起见,直接指定汽车牌号
            car=new Car(no,brand,type);
            car.printInfo();
            rent=car.calRent(days);
        }
        else{
        System.out.print("请输入要租赁的客车品牌(1. 金杯   2. 金龙):");
            answer=input.next();
            if("1".equals(answer)){
                brand="金杯";
            }else{
                brand="金龙";
            }
            System.out.print("请输入客车的座位数:");
            seatCount=input.nextInt();
            no="京 GG8888";
            bus=new Bus(no,brand,seatCount);
            bus.printInfo();
            rent=bus.calRent(days);
        }
    System.out.println("\n 顾客您好!您需要支付的租赁费用是"+rent+"元。");
    }
}
```

4）运行程序

观察结果,如图 7-3 所示。

4. 任务拓展

(1）继续添加卡车类,可以根据承载的吨位收取租赁费用。

品牌有福田、江淮、东风等,租赁费用按照 3000 千克以上每天 1500 元,3000 千克以下每天 1000 元等。

(2）可以考虑添加顾客类进行汽车租赁。

7.3.3　任务 3　饲养员喂养动物

1. 任务目的

(1）掌握继承的实现和作用。

(2）掌握继承关系中的构造方法和子类对象的构造过程。

(3）掌握方法重写。

(4）掌握 this、super 关键字和 toString 方法的使用。

2. 任务描述

动物园中饲养员可以拿不同的食物喂养不同的动物,编程实现饲养员喂养动物程序,要求如下。

（1）饲养员可以给动物喂食物。

（2）现在动物有 Dog 和 Cat，食物有 Bone 和 Fish。

（3）饲养员可以给狗喂骨头，给猫喂鱼。

运行结果参考图 7-5。

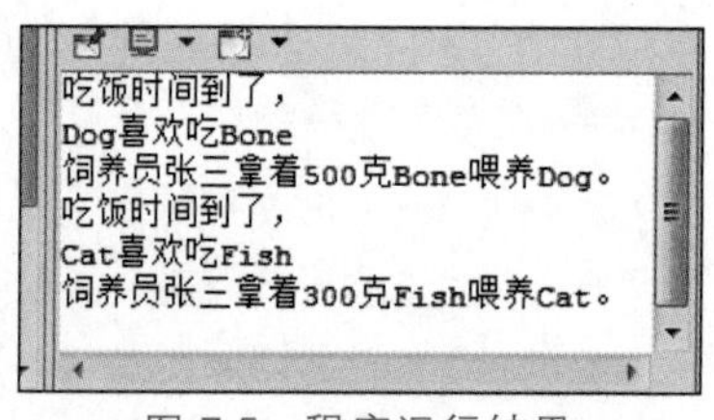

图 7-5　程序运行结果

3. 实施步骤

1）任务分析

为了实现以上需求，需要定义以下 8 个类，类说明如下。

（1）动物类父类 Animal 具有 eat()方法，代表各种动物吃的共性。

（2）Animal 子类 Dog 继承父类的 eat()方法，新增 eat(Bone bone)方法，同时重写 toString()方法。

（3）Animal 子类 Cat 继承父类的 eat()方法，新增 eat(Fish fish)方法，同时重写 toString()方法。

（4）食物类的父类 Food 具有 weight 属性。

（5）Food 子类 Bone 继承父类的 weight 方法，调用父类构造方法初始化 weight 属性，同时重写 toString 方法。

（6）Food 子类 Fish 继承父类的 weight 方法，调用父类构造方法初始化 weight 属性，同时重写 toString()方法。

（7）饲养员类 Feeder 具有 name 属性，同时具有重载方法 feed(Cat cat，Fish fish)和 feed(Dog dog，Bone bone)。

（8）测试类 Test 测试饲养员的喂养方法。

2）UML 类图设计

饲养员喂养动物 UML 类图如图 7-6 所示。

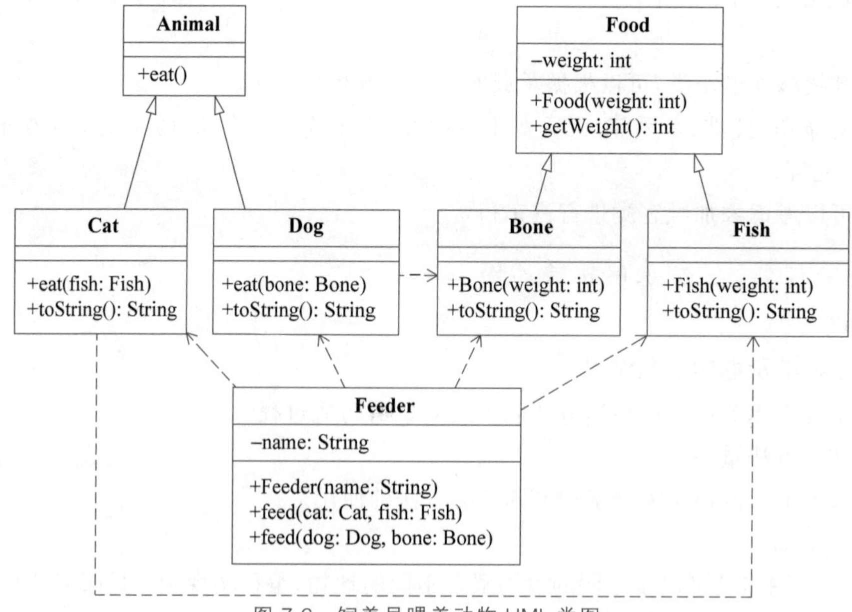

图 7-6　饲养员喂养动物 UML 类图

3）代码实现

父类 Animal.java 参考代码如下：

```
package ch7.task3;
/**动物父类 Animal*/
public class Animal {
    public void eat(){
        System.out.println("吃饭时间到了,");
    }
}
```

Animal 子类 Dog .java 参考代码如下：

```
package ch7.task3;
/**Animal 子类 Dog*/
public class Dog extends Animal {
    //子类新增 eat()方法,因为跟父类 eat()方法参数不同,所以不属于重写
    public void eat(Bone bone){
        eat();                                    //调用从父类继承的 eat()方法
        System.out.println(this+"喜欢吃"+bone);
    }
    //重写 Animal 类从 Object 中继承的 toString()方法
    public String toString(){
        return "Dog";
    }
}
```

Animal 子类 Cat.java 参考代码如下：

```
package ch7.task3;
/**Animal 子类 Cat*/
public class Cat extends Animal {
    //子类新增 eat()方法,因为跟父类 eat()方法参数不同,所以不属于重写
    public void eat(Fish fish){
        eat();                                    //调用从父类继承的 eat()方法
        System.out.println(this+"喜欢吃"+fish);
    }
    //重写 Animal 类从 Object 中继承的 toString()方法
    public String toString(){
        return "Cat";
    }
}
```

父类 Food.java 参考代码如下：

```
package ch7.task3;
/**食物父类 Food*/
public class Food {
    private int weight;                           //食物重量
```

```
    public Food(int weight) {
        this.weight=weight;
    }
    public int getWeight(){
        return weight;
    }
}
```

Food 子类 Bone.java 参考代码如下：

```
package ch7.task3;
/**Food 子类 Bone*/
public class Bone extends Food {
    public Bone(int weight) {
        super(weight);                              //调用父类的构造方法
    }
    //重写 Food 子类从 Object 中继承的 toString()方法
    public String toString(){
        return "Bone";
    }
}
```

Food 子类 Fish.java 参考代码如下：

```
package ch7.task3;
/**Food 子类 Fish*/
public class Fish extends Food {
    public Fish(int weight) {
        super(weight);                              //调用父类构造方法
    }
    //重写 Food 子类从 Object 中继承的 toString()方法
    public String toString(){
        return "Fish";
    }
}
```

饲养员类 Feeder.java 参考代码如下：

```
package ch7.task3;
/**饲养员类 Feeder*/
public class Feeder {
    private String name;                            //饲养员姓名
    public Feeder(String name){
        this.name=name;
    }
    //拿鱼喂养猫的方法
    public void feed(Cat cat,Fish fish){
        cat.eat(fish);
```

```
        System.out.println("饲养员"+name+"拿着"+fish.getWeight()+"克"+fish+
                            "喂养"+cat+"。");
    }
    //拿骨头喂养狗的方法
    public void feed(Dog dog,Bone bone){
        dog.eat(bone);
        System.out.println("饲养员"+name+"拿着"+bone.getWeight()+"克"+bone+
                            "喂养"+dog+"。");
    }
}
```

测试类 TestFeed.java 参考代码如下：

```
package ch7.task3
public class TestFeed {
    public static void main(String[] args) {
        Feeder feeder=new Feeder("张三");
        Dog dog=new Dog();
        Bone bone=new Bone(500);
        feeder.feed(dog,bone);                    //喂养 Dog
        feeder.feed(new Cat(),new Fish(300));     //喂养 Cat
    }
}
```

4）运行程序

观察结果，如图 7-5 所示。

4. 任务拓展

（1）继续添加老虎类(Tiger)和肉类(Meat)，分别继承 Animal 类和 Food 类，在 Feeder 类中添加喂养方法，实现拿肉喂养老虎。

（2）体会该程序的优势和弊端。

第8章 多　态

8.1 实验目的

(1) 掌握多态的含义及应用场合。
(2) 掌握上转型对象和多态的实现。
(3) 掌握 instanceof 运算符的使用。
(4) 掌握 abstract 关键字的使用。

8.2 实验任务

(1) 任务 1：图形面积和周长计算小程序。
(2) 任务 2：饲养员喂养动物程序优化。

8.3 实验内容

8.3.1 任务 1 图形面积和周长计算小程序

1. 任务目的

(1) 掌握多态的含义及应用场合。
(2) 掌握上转型对象和多态的实现。
(3) 掌握 abstract 关键字的使用。

2. 任务描述

设计一个小程序，可以计算圆形和长方形的面积和周长，其中定义抽象类图形类为圆形和长方形的父类，在图形类中定义抽象方法获取面积方法和获取周长方法。定义面积和周长计算器，可以计算不同图形的面积和周长。程序要具备良好的可扩展性与可维护性。程序运行结果参考图 8-1。

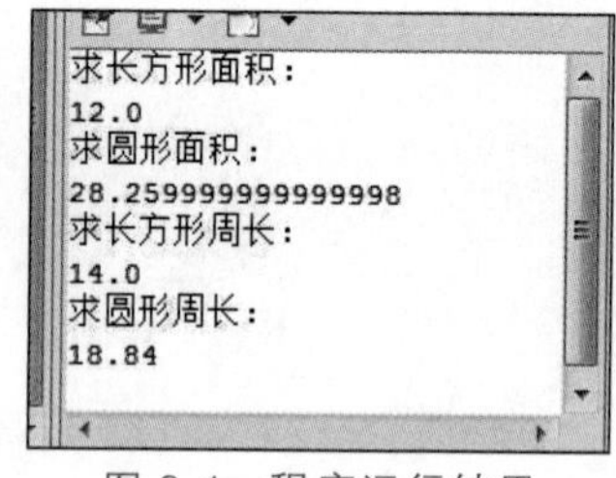

图 8-1 程序运行结果

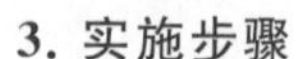

3. 实施步骤

1) 任务分析

定义父类 Shape 作为抽象类，并在类中定义抽象方法求周长和求面积。

定义 Shape 子类圆形类(Circle)，具有属性半径(radius)和常量 PI，同时必须实现父类中的抽象方法。

定义 Shape 子类长方形类(Rectangle)，具有属性长(length)和宽(width)，同时也必须实现父类中的抽象方法。

创建图形面积和周长计算器(ShapeCaculate),具有计算不同图形面积和周长的方法。创建测试类(TestShape),在其 main()方法中对 ShapeCaculate 计算面积和周长的方法进行测试。

2）UML 类图设计

图形面积和周长计算小程序 UML 类图如图 8-2 所示。

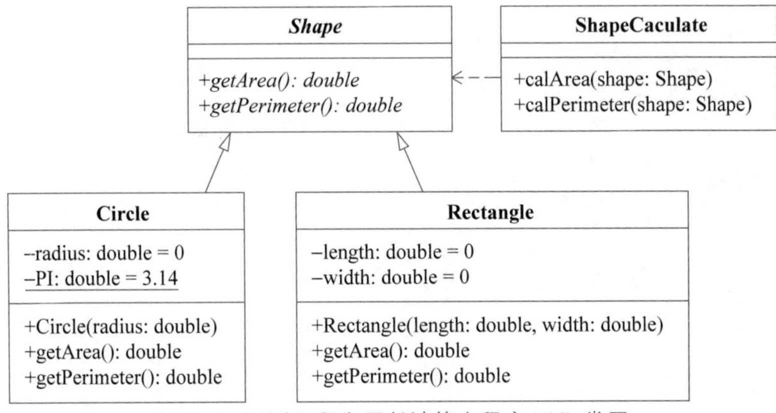

图 8-2　图形面积和周长计算小程序 UML 类图

3）代码实现

抽象类 Shape.java 参考代码如下：

```
package task1;
/** 抽象类：几何图形 */
abstract class Shape {
    //抽象方法：获取面积
    public abstract double getArea();
    //抽象方法：获取周长
    public abstract double getPerimeter();
}
```

子类 Circle.java 参考代码如下：

```
package task1;
/**圆形 */
class Circle extends Shape {
    private double radius=0;                    //圆的半径
    private final static double PI=3.14;        //常量,圆周率
    //有参构造方法,初始化圆半径
    public Circle(double radius) {
        this.radius=radius;
    }
    //求圆的面积
    public double getArea() {
        return (PI * radius * radius);
    }
    //求圆的周长
```

```
    public double getPerimeter() {
        return 2 * PI * radius;
    }
}
```

子类 Rectangle.java 参考代码如下：

```
package task1;
/**长方形 */
class Rectangle extends Shape {
    private double length=0;                        //长方形的长
    private double width=0;                         //长方形的宽
    //有参构造方法,初始化长方形的长和宽
    public Rectangle(double length,double width) {
        super();
        this.length=length;
        this.width=width;
    }
    //重写父类求面积的方法
    public double getArea() {
        return (this.length * this.width);
    }
    //重写父类求周长的方法
    public double getPerimeter() {
        return 2 * (length+width);
    }
}
```

类 ShapeCaculate.java 参考代码如下：

```
package task1;
/**图形面积和周长计算器 */
public class ShapeCaculate {
    //可以计算任何 Shape 子类的面积
    public void calArea(Shape shape){
        System.out.println(shape.getArea());
    }
    //可以计算任何 Shape 子类的周长
    public void calPerimeter(Shape shape){
        System.out.println(shape.getPerimeter());
    }
}
```

类 TestShapeCaculate.java 参考代码如下：

```
package task1;
/** 测试类 */
class TestShape {
    public static void main(String[] args) {
```

```
        //创建图形计算器
        ShapeCaculate sc=new ShapeCaculate();
        //创建长方形和圆形对象
        Shape rectangle=new Rectangle(3,4);
        Circle circle=new Circle(3);
        //求长方形和圆形面积
        System.out.println("求长方形面积：");
        sc.calArea(rectangle);
        System.out.println("求圆形面积：");
        sc.calArea(circle);
        //求长方形和圆形周长
        System.out.println("求长方形周长：");
        sc.calPerimeter(rectangle);
        System.out.println("求圆形周长：");
        sc.calPerimeter(circle);
    }
}
```

4）运行程序

观察结果，如图 8-1 所示。

4. 任务拓展

要新增一种图形计算其面积和周长时，不需要修改 ShapeCaculate 类，程序具有良好的可扩展性和可维护性。继续添加三角形、梯形等形状，分别计算面积和周长，体会多态带来的好处。

8.3.2 任务 2 饲养员喂养动物程序优化

1. 任务目的

(1) 掌握多态的含义及应用场合。

(2) 掌握上转型对象和多态的实现。

(3) 体会多态带来的好处。

(4) 掌握 instanceof 运算符的使用。

2. 任务描述

对第 7 章的任务 3 饲养员喂养动物进行优化，使程序具备良好的可扩展性和可维护性。

3. 实施步骤

1）任务分析

在第 7 章的任务 3 中，饲养员每拿一种食物喂养相应动物都需要建立相应的方法，程序的可扩展性和可维护性较差，通过多态可以对程序进行优化，修改 feed()方法的参数为父类的类型，使程序具有较好的可扩展性和可维护性。

2）UML 类图

对其 UML 类图进行优化后的 UML 类图如图 8-3 所示。

3）代码实现

父类 Animal.java 参考代码如下：

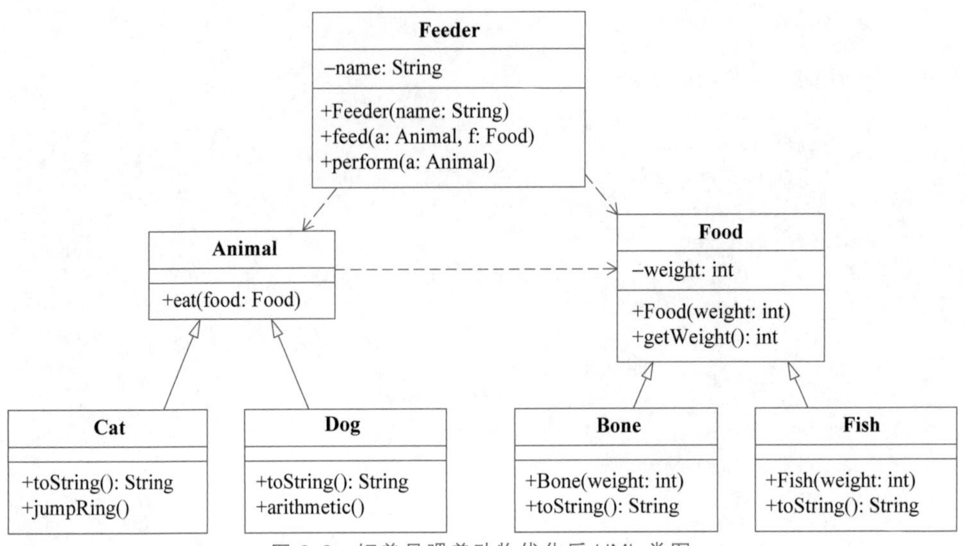

图 8-3 饲养员喂养动物优化后 UML 类图

```
package ch7.task3;
/**动物父类 Animal */
public class Animal {
    public void eat(Food food){
        System.out.print("吃饭时间到了,");
        System.out.println(this+"喜欢吃"+food);
    }
}
```

Animal 子类 Dog .java 参考代码如下：

```
package ch7.task3;
/**Animal 子类 Dog */
public class Dog extends Animal {
    //重写 Animal 从 Object 中继承的 toString()方法
    public String toString(){
        return "Dog";
    }
    //新增算算术方法
    public void arithmetic(){
        System.out.println(this+"算算术表演!");
    }
}
```

Animal 子类 Cat.java 参考代码如下：

```
package ch7.task3;
/**Animal 子类 Cat */
public class Cat extends Animal {
    //重写 Animal 从 Object 中继承的 toString()方法
    public String toString(){
```

```
            return "Cat";
        }
        //新增跳环方法
        public void jumpRing(){
            System.out.println(this+"开始表演跳环!");
        }
    }
```

饲养员类 Feeder.java 参考代码如下：

```
    package ch7.task3;
    /**饲养员类 Feeder */
    public class Feeder {
        private String name;                              //饲养员姓名
        public Feeder(String name){
            this.name=name;
        }
        //可以拿不同食物喂养不同动物的方法
        public void feed(Animal a,Food f){
            a.eat(f);
            System.out.println("饲养员"+name+"拿着"+f.getWeight()+"克"+f+"喂养"+a+"。");
        }
        //饲养员训练动物表演
        public void perform(Animal a){
            if(a instanceof Dog){
                ((Dog)a).arithmetic();
            }
            if(a instanceof Cat){
                Cat c=(Cat)a;                             //向下转型
                c.jumpRing();
            }
        }
    }
```

测试类 TestFeed.java 参考代码如下：

```
    package ch7.task3;
    public class TestFeed {
        public static void main(String[] args) {
            Feeder feeder=new Feeder("张三");
            Dog dog=new Dog();
            Bone bone=new Bone(500);
            //喂养 Dog
            feeder.feed(dog,bone);
            //喂养 Cat
            feeder.feed(new Cat(),new Fish(300));
            //狗狗表演算算术
            feeder.perform(dog);
            //猫咪表演跳环
```

```
        feeder.perform(new Cat());
    }
}
```

父类 Food.java、子类 Bone.java、子类 Fish.java 代码同第 7 章任务 3 中的代码，在此略过。

4）运行程序，观察结果

运行程序，验证任务描述中的结果。

4. 任务拓展

要实现拿肉（Meat）喂养老虎（Tiger），程序该如何修改？

第 9 章　接　　口

9.1　实验目的

（1）理解并掌握如何定义接口。

（2）掌握接口的实现方式。

（3）理解接口与抽象类的区别。

（4）掌握使用接口回调来简化程序。

9.2　实验任务

（1）任务 1：设计实现发声接口。

（2）任务 2：动物乐园。

9.3　实验内容

9.3.1　任务 1　设计实现发声接口

1. 任务目的

（1）理解并掌握如何定义接口。

（2）掌握接口的实现方式。

2. 任务描述

设计实现一个 Soundable 接口，该接口具有发声功能，同时还能调节声音大小。Soundable 接口的这些功能将会由 3 种声音设备来实现，它们分别是 Radio、Walkman 和 Mobilephone。最后还需设计一个应用程序类来使用这些实现了 Soundable 接口的声音设备。程序运行时，先询问用户想听哪种设备，然后程序按照该设备的工作方式来输出发音。

3. 实施步骤

1）定义 Soundable 接口

参考代码如下：

```
/**
 * 发声接口
 */
public interface Soundable {
    //发出声音
    public void playSound();
    //降低音量
```

```
    public void decreaseVolume();
    //停止发声
    public void stopSound();
}
```

2）设计 Radio 类

参考代码如下：

```
/**
 * 收音机类
 */
public class Radio implements Soundable{
    public void playSound(){
        System.out.println("收音机播放广播：中央人民广播电台");
    }
    public void decreaseVolume(){
        System.out.println("降低收音机音量");
    }
    public void stopSound(){
        System.out.println("关闭收音机");
    }
}
```

3）设计 Walkman 类

参考代码如下：

```
/**
* 随身听类
*/
public class Walkman implements Soundable{
    public void playSound(){
        System.out.println("随身听发出音乐:1234567");
    }
    public void decreaseVolume(){
        System.out.println("降低随身听音量");
    }
    public void stopSound(){
        System.out.println("关闭随身听");
    }
}
```

4）设计 MobilePhone 类

参考代码如下：

```
/**
 * 手机类
 */
class Mobilephone implements Soundable{
```

```
    public void playSound(){
        System.out.println("手机发出来电铃声：叮当、叮当");
    }
    public void decreaseVolume(){
        System.out.println("降低手机音量");
    }
    public void stopSound(){
        System.out.println("关闭手机");
    }
}
```

5）设计 SampleDisplay 类

参考代码如下：

```
/**
 * 声音采样
 */
class SampleDisplay{
    public void display(Soundable soundable){
        soundable.playSound();
        soundable.decreaseVolume();
        soundable.stopSound();
    }
}
```

6）设计测试驱动类

参考代码如下：

```
public class Task1 {
    public static void main(String[] args) {
        Scanner scanner=new Scanner(System.in);
        System.out.println("你想听什么?请输入选择!");
        System.out.println("0-收音机  1-随身听  2-手机");
        int choice;
        choice=scanner.nextInt();
        SampleDisplay SampleDisplay=new SampleDisplay();
        //将实现该接口类的实例引用传递给该接口参数
        if(choice==0)
            SampleDisplay.display(new Radio());
        else if(choice==1)
            SampleDisplay.display(new Walkman());
        else if (choice==2)
            SampleDisplay.display(new Mobilephone());
        else
            System.out.println("孩子,你输错了!");
    }
}
```

7）运行程序

观察结果，如图 9-1 所示。

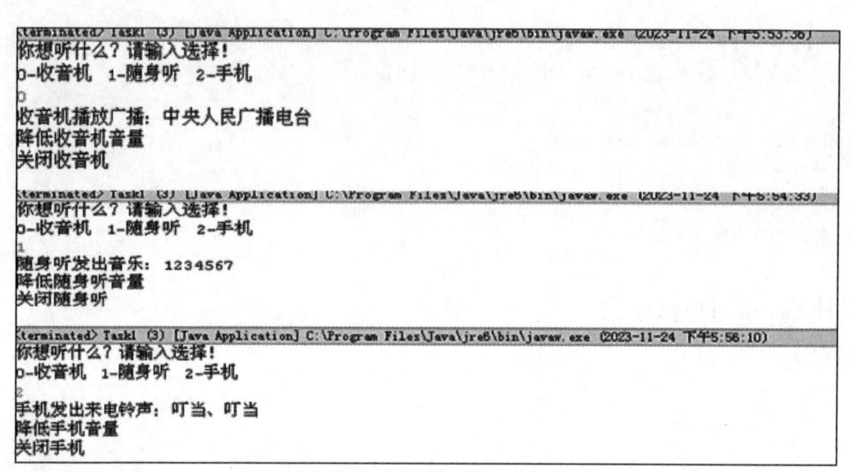

图 9-1 设计实现发声接口运行结果

4. 任务拓展

（1）思考以上代码哪里发生了接口回调。

（2）增加新的发声设备，如扩音器。

9.3.2 任务 2 动物乐园

1. 任务目的

能够灵活运用接口解决多继承问题。

2. 任务描述

编写程序模拟动物园里饲养员给各种动物喂养不同食物的过程，当饲养员给动物喂食时，动物会发出欢快的叫声。

3. 实施步骤

1）问题分析

在这个动物园里，涉及的对象有饲养员、各种不同的动物及食物。这样很容易抽象出 3 个类 Feeder、Animal 和 Food。假设只考虑猫类和狗类动物，则由 Animal 类派生出 Cat 类、Dog 类，同样由 Food 类可以进一步派生出其子类 Bone、Fish。因为它们之间存在着明显的 is-a 关系。

同时鱼是一种食物，但实际上，鱼也是一种动物，Cat 类和 Dog 类继承了 Animal 的很多属性和方法，如果将 Animal 定义为接口，Animal 中是不能定义成员变量和成员方法的，Food 类中虽然也有变量但是数量比 Animal 类少，所以我们考虑将 Food 类定义为接口，此时可以说“鱼是一种动物，同时还可以当作是一种食物”。

2）根据分析，画出 UML 类图

参考类图如图 9-2 所示。

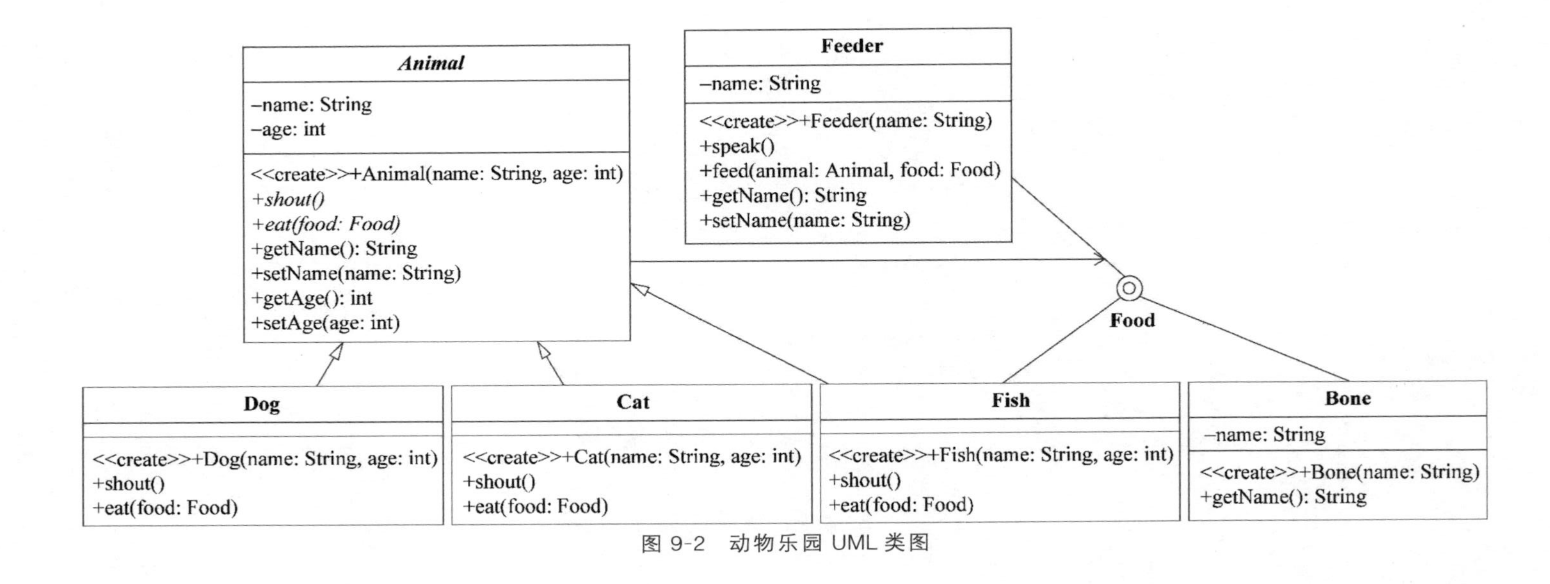

图 9-2　动物乐园 UML 类图

3）根据 UML 类图，定义 Animal 类

参考代码如下：

```
/**
 * 动物类
 * @author cabbage
 */
public abstract class Animal {
    private String name;
    private int age;

    public Animal(String name,int age) {
        super();
        this.name=name;
        this.age=age;
    }

    public abstract void shout();
    public abstract void eat(Food food);
    public String getName() {
        return name;
    }
    public void setName(String name) {
        this.name=name;
    }
    public int getAge() {
        return age;
    }
    public void setAge(int age) {
        this.age=age;
    }
}
```

4）定义 Animal 的子类 Cat 类

参考代码如下：

```
public class Cat extends Animal{
    public Cat(String name,int age) {
        super(name,age);
    }
    public void shout() {
        System.out.println("喵呜…");
    }
    public void eat(Food food) {
        System.out.println(getName()+"正在吃着香喷喷的"+food.getName());
        shout();
    }
}
```

5) 定义 Animal 的子类 Dog 类

参考代码如下：

```
public class Dog extends Animal {
    public Dog(String name,int age) {
        super(name,age);
    }
    public void shout() {
        System.out.println("汪汪汪…");
    }
    public void eat(Food food) {
        System.out.println(getName()+"正在啃着香喷喷的"+food.getName());
        shout();
    }
}
```

6) 定义 Food 接口

参考代码如下：

```
/**
 * 食物接口
 * @author cabbage
 */
public interface Food {
    public abstract String getName();
}
```

7) 定义 Fish 类

参考代码如下：

```
//鱼既是动物,同时还可以作为食物
public class Fish extends Animal implements Food {
    public Fish(String name,int age) {
        super(name,age);
    }
    public void shout() {
    }
    public void eat(Food food) {
    }
}
```

8) 定义 Bone 类

因为 Bone 类与 Fish 类非常相似,所以此处没有给出参考代码。

9) 定义 Feeder 类

参考代码如下：

```
public class Feeder {
    private String name;
```

```
    public Feeder(String name) {
            super();
            this.name=name;
    }
    public void speak(){
            System.out.println("欢迎来到动物园");
            System.out.println("我是饲养员"+getName());
    }
    public void feed(Animal animal,Food food){
            animal.eat(food);
    }
    public String getName() {
            return name;
    }
    public void setName(String name) {
        this.name=name;
    }
}
```

10）定义测试驱动类

```
public class ZooDemo {
    public static void main(String[] args) {
        Feeder feeder=new Feeder("华华");
        feeder.speak();
        Dog dog=new Dog("乐乐",3);
        Food food=new Bone("骨头");
        feeder.feed(dog,food);
        Cat cat=new Cat("甜甜",2);
        food=new Fish("黄花鱼",0);
        feeder.feed(cat,food);
    }
}
```

11）运行程序

观察结果，如图 9-3 所示。

```
<terminated> ZooDemo [Java Application] C:\Program Files\Java\jre6\bin\javaw.exe (2023-11-24 下午6:33:46)
欢迎来到动物园
我是饲养员华华
乐乐正在啃着香喷喷的骨头
汪汪汪…
甜甜正在吃着香喷喷的黄花鱼
喵呜…
```

图 9-3　动物乐园运行结果

4. 任务拓展

在动物园里再加入更多种动物。

第 10 章 异常处理

10.1 实验目的

(1) 掌握使用 try-catch 结构进行异常处理的方法。

(2) 掌握 finally 代码块的用法。

(3) 掌握 throws 与 throw 的用法及区别。

(4) 掌握自定义异常的定义与使用方法。

(5) 掌握 try-with-resource 结构的用法。

(6) 掌握 multi-catch 结构及 RethrowException 结构的用法。

10.2 实验任务

(1) 任务 1：判断从键盘输入的整数是否合法。

(2) 任务 2：处理除数为 0 的异常。

(3) 任务 3：处理数组的下标越界异常。

(4) 任务 4：特殊字符检查器。

(5) 任务 5：使用 try-with-resource 进行读取文件处理。

10.3 实验内容

10.3.1 任务 1 判断从键盘输入的整数是否合法

1. 任务目的

(1) 掌握 try-catch 结构进行异常处理的方法。

(2) 掌握输入数据类型不匹配异常 InputMismatchException 的处理方法。

(3) 掌握异常处理父类 Exception 的使用方法。

2. 任务描述

从键盘输入一个整数，如果输入的数据不是整数，则通过进行异常处理给出提示。

3. 实施步骤

1) 创建项目

创建 Java 项目 Lab10。

2) 创建包

在项目 Lab10 中创建包 task1。

3) 创建文件并进行编辑

在包 task1 中创建 Java 类文件 ChkInputInt.java，修改该文件的内容如下：

```
package task1;
import java.util.InputMismatchException;
import java.util.Scanner;
/**
 * 判断从键盘输入的整数是否合法
 * @author sf */
public class ChkInputInt {
    public static void main(String[] args) {
        Scanner input=new Scanner(System.in);            //输入设备
        int num;                                          //要接收的整数
        System.out.print("请输入一个整数：");
        try{
            num=input.nextInt();
            System.out.println("您所输入的整数为："+num);
        }catch(InputMismatchException ex){
            System.out.println("请输入整数数据。");
        }catch(Exception ex){
            System.out.println("其他类型的异常。");
        }
        input.close();                                    //关闭输入
    }
}
```

4）运行程序

程序两个实例的运行结果如图 10-1 所示。

(a) (b)

图 10-1 判断从键盘输入的整数是否合法实例运行结果

4. 任务扩展

（1）判断从键盘输入的长整型数据是否合法。

（2）判断从键盘输入的单精度浮点型、双精度浮点型、字节型等数据是否合法。

10.3.2 任务 2 处理除数为 0 的异常

1. 任务目的

（1）掌握使用 try-catch 结构进行异常处理的方法。

（2）掌握数据类型不匹配异常的处理方法。

（3）掌握除数为 0 的异常处理方法。

（4）掌握使用 Exception 父类捕获异常的方法。

2. 任务描述

编写一个除法运算器，在程序中要处理除数为 0 的异常情况。

3. 实施步骤

1）创建包

在项目 Lab10 中创建包 task2。

2）创建文件并进行编辑

在包 task2 中创建 Java 文件 DivByZero.java，修改文件的内容如下：

```
package task2;
import java.util.InputMismatchException;
import java.util.Scanner;
/**
 * 处理除数为 0 的异常
 * @author sf
 */
public class DivByZero {
    public static void main(String[] args) {
        Scanner input=new Scanner(System.in);            //输入对象
        int x,y;
        System.out.print("请输入除数 x: ");
        try{
            x=input.nextInt();
            y=10/x;
            System.out.println("10/x 的结果为: "+y);
        }catch(InputMismatchException ex){               //异常捕获①
            System.out.println("输入的除数数据必须是整型。");
        }catch(ArithmeticException ex){                  //异常捕获②
            System.out.println("除数不能为 0。");
        } catch(Exception ex){                           //其他类型的异常处理
            System.out.println("其他类型的错误。");
        }
        input.close();                                   //关闭输入对象
    }
}
```

3）运行程序

程序的 3 个实例运行结果如图 10-2 所示。

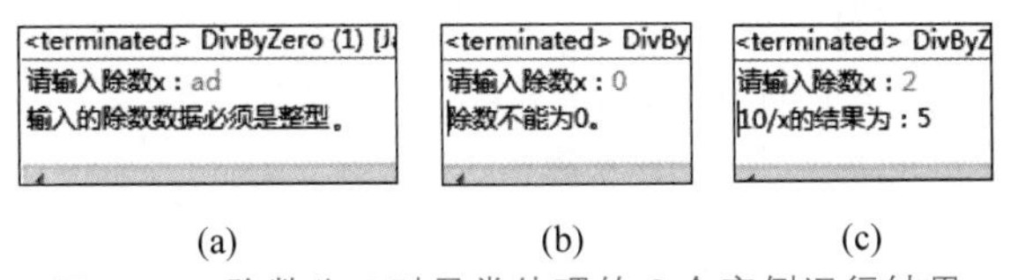

(a) (b) (c)

图 10-2 除数为 0 时异常处理的 3 个实例运行结果

10.3.3 任务 3 处理数组的下标越界异常

1. 任务目的

(1) 掌握数组下标越界异常 ArrayIndexOutOfBoundsException 的使用方法。

(2) 掌握通用异常处理类 Exception 的使用方法。

2. 任务描述

给定一个字符串数据，将这个数组中的内容输出，处理数组的下标越界异常。

3. 实施步骤

1）创建包

在项目 Lab10 中创建包 task3。

2）创建文件并进行编辑

在包 task3 中创建 Java 文件 ArrayIndexOutOfBound.java，修改文件的内容如下：

```
package task3;
/**
 * 数组的下标越界异常处理
 * @author sf
 */
public class ArrayIndexOutOfBound {
    public static void main(String[] args) {
        String[] nameArr={"张三","李四","王五","刘六"};
        try{
            for(int i=0;i<=4;i++){
                System.out.println(nameArr[i]);
            }
        }catch(ArrayIndexOutOfBoundsException ex){
            System.out.println("数组的下标越界。");
        } catch(Exception ex){
            System.out.println("其他的异常。");
        }
    }
}
```

3）运行程序

运行该程序，会看到如图 10-3 所示的运行结果。

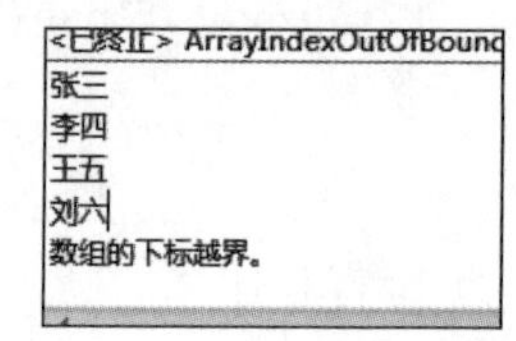

图 10-3 数组下标越界异常运行结果

10.3.4 任务 4 特殊字符检查器

1. 任务目的

（1）掌握 throw 抛出异常的方法。

（2）掌握 throws 抛出异常的方法。

（3）掌握自定义异常的定义与使用方法。

2. 任务描述

编写一个程序，对给定的字符串内容进行检查，如果这个字符串的内容全是数字或英文字母，则显示这个字符串；否则抛出异常，提示有非法字符。在检查字符是否满足题目的要求时，要按 ASCII 码表中的字符的 ASCII 码进行比较检查，数字 0～9 的 ASCII 码为 48～57，大写字母 A～Z 的 ASCII 码为 65～90，小写字母 a～z 的 ASCII 码为 97～122。

3. 实施步骤

1）创建包

在项目 Lab10 中创建包 task4。

2）创建自定义异常类并进行编辑

在包 task4 中创建 Java 类异常文件 MyStrChkException.java，修改文件的内容如下：

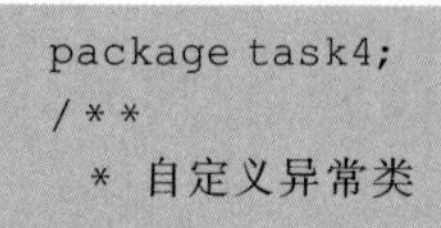

```
package task4;
/**
 * 自定义异常类
```

```
  * @author sf
  */
public class MyStrChkException extends Exception {          //继承 Exception 类
    private static final long serialVersionUID=1L;          //类的序列化号
    private String content;
    public MyStrChkException(String content) {              //构造方法
        this.content=content;
    }
    public String getContent() {                            //获取描述方法
        return content;
    }
}
```

3）创建异常测试类并进行编辑

在包 task4 中创建 Java 测试类文件 MyStrChkTest.java，修改文件的内容如下：

```
package task4;
/**
  * 自定义异常测试类
  * @author sf
  */
public class MyStrChkTest {
    /**检查字符串中是否含非法字符的方法
      * @param str 要检查的字符串
      * @throws MyStrChkException 抛出自定义的异常
      */
    public static void chkStr(String str) throws MyStrChkException{
        char[] array=str.toCharArray();
        int len=array.length;
        for(int i=0;i<len-1;i++){
            //数字 0~9 的 ASCII 码为 48~57,大写字母 A~Z 的 ASCII 码为 65~90
            //小写字母 a~z 的 ASCII 码为 97~122
            if(!((array[i]>=48 && array[i]<=57) || (array[i]>=65 &&
                array[i]<=90) || (array[i]>=97 && array[i]<=122))){
                throw new MyStrChkException("字符串: "+str+"中含非法字符。");
            }
        }
    }

    public static void main(String[] args) {
        String str1="abczA09Z";
        String str2="ab!334@";
        try{
            chkStr(str1);
            System.out.println("字符串 1 为: "+str1);
            chkStr(str2);
            System.out.println("字符串 2 为: "+str2);
        }catch(MyStrChkException ex){
            System.out.println("触发自定义的异常,异常内容如下: ");
```

```
            System.out.println(ex.getContent());
        }
    }
}
```

4）运行程序

运行测试类 MyStrChkTest，将会看到如图 10-4 所示的运行结果。

<已终止> MyStrChkTest（1）[Java 应用程序] C:\Program Files\Java\jre1.8.0_
字符串1为：abczA09Z ← 字符串1都为要求的数据
触发自定义的异常，异常内容如下：
字符串：ab!334@中含非法字符。 ← 字符串2中含要求之外的数据

图 10-4　自定义异常进行特殊字符检查器的运行结果

4. 任务扩展

（1）在此基础上，完成对敏感词汇的过滤。

（2）将本程序与文件或数据库结构结合，完成自定义敏感词汇信息的过滤。

10.3.5　任务 5　使用 try-with-resource 进行读取文件处理

1. 任务目的

（1）掌握 throws 抛出异常的方法。

（2）掌握 try-with-resource 自动释放资源的方法。

（3）掌握 I/O 异常的处理方法。

2. 任务描述

使用 try-with-resource 读取 C:/mytest.txt 文件的内容，并显示内容。在读取文件过程中，注意关闭读取流对象，并处理 I/O 异常。

3. 实施步骤

1）创建文本文件

在 C 盘根目录下创建文本文件 mytest.txt，在文件中随意输入一些内容即可。

2）创建包

在项目 Lab10 中创建包 task5。

3）创建读取文本文件的程序

在包 task5 中创建读取文本文件的 Java 程序 MyTryWithResource.java，修改该文件的内容如下：

```
package task5;

import java.io.BufferedReader;
import java.io.FileReader;
import java.io.IOException;

/**
 * 自动释放资源的 try 块
 * @author sf
 */
```

```java
public class MyTryWithResource {
    public static void main(String[] args) throws IOException {  //抛出 I/O 异常
        //使用 try-with-resource 处理文件读取流
        try (BufferedReader reader=new BufferedReader(new FileReader
             ("c:/mytest.txt"))) {
            StringBuilder builder=new StringBuilder();
            String line=null;
            while ((line=reader.readLine())!=null) {
                builder.append(line);
                builder.append(String.format("%n"));
            }
            System.out.println(builder.toString());          //将内容在控制中显示
        }
    }
}
```

4）运行程序

运行 MyTryWithResource 类，将会看到如图 10-5 所示的运行结果。

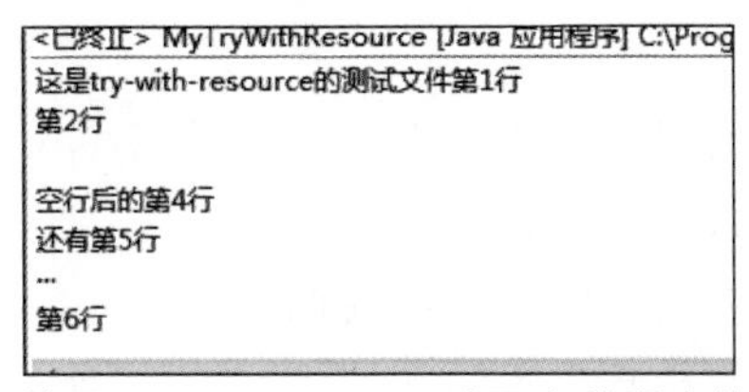

图 10-5　使用 try-with-resource 读取文件程序的运行结果

第 11 章　图形用户界面设计

11.1　实验目的

(1) 掌握图形用户界面(GUI)编程的步骤。

(2) 掌握常用布局管理类的使用。

(3) 理解容器的嵌套使用。

(4) 掌握常用组件的使用。

(5) 掌握事件处理的要素。

(6) 掌握 Java 中事件处理的方式。

11.2　实验任务

(1) 任务 1：公司员工信息录入程序。

(2) 任务 2：小学生习题训练程序。

(3) 任务 3："我所喜爱的主食和副食"问卷调查。

(4) 任务 4：公司员工信息处理菜单。

(5) 任务 5：商场收银软件。

(6) 任务 6：猜数字小程序。

11.3　实验内容

11.3.1　任务 1　公司员工信息录入程序

1. 任务目的

(1) 掌握图形用户界面编程的步骤。

(2) 掌握常用布局管理类的使用。

(3) 掌握 ActionEvent 事件的基本概念、事件的产生和事件处理的过程。

2. 任务描述

定义公司的员工信息类，成员变量包括 ID(身份证号码)、name(姓名)、sex(性别)、birthday(出生日期)、home(籍贯)、address(居住地)和 number(员工号)，设计一个录入或显示员工信息的程序界面，要求以 FlowLayout 布局安排组件，如图 11-1 所示。当单击"操作"按钮时，输入下一个员工的信息；当单击"退出"按钮时，结束输入信息，退出程序。

3. 实施步骤

1) GUI 布局设计

容器：JFrame。

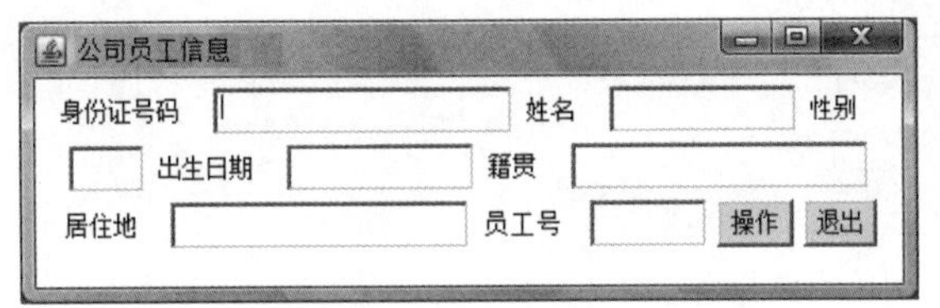

图 11-1　公司员工信息录入用户界面

组件：JLabel 标签、JTextField 文本框、JButton 按钮。

布局：FlowLayout。

GUI 设计部分参考代码如下：

```
package task1.ui;
import java.awt.FlowLayout;
import javax.swing.JButton;
import javax.swing.JFrame;
import javax.swing.JLabel;
import javax.swing.JTextField;
public class EmployeeInfoFrame extends JFrame {
    JTextField ID=new JTextField(18);
    JTextField name=new JTextField(10);
    JTextField sex=new JTextField(2);
    JTextField birthday=new JTextField(10);
    JTextField home=new JTextField(18);
    JTextField address=new JTextField(18);
    JTextField number=new JTextField(5);
    JButton operate=new JButton("操作");
    JButton exit=new JButton("退出");
    public EmployeeInfoFrame() {
        super("公司职员信息");
        this.setLayout(new FlowLayout());
        this.add(new JLabel("身份证号码"));
        this.add(ID);
        this.add(new JLabel("姓名"));
        this.add(name);
        this.add(new JLabel("性别"));
        this.add(sex);
        this.add(new JLabel("出生日期"));
        this.add(birthday);
        this.add(new JLabel("籍贯"));
        this.add(home);
        this.add(new JLabel("居住地"));
        this.add(address);
        this.add(new JLabel("员工号"));
        this.add(number);
        this.add(operate);
        this.add(exit);
        this.setSize(530,300);
        this.setVisible(true);
    }
```

```
    public static void main(String[] args) {
        new EmployeeInfoFrame();
    }
}
```

2）事件处理分析

事件源：按钮组件 operate 和 exit。

触发的事件类型：ActionEvent。

事件处理的主线为 ActionEvent→ActionListener→addActionListener。

3）operate 按钮事件处理

编写事件处理类：

```
//内部类
class OperateHandler implements ActionListener{
    @Override
    public void actionPerformed(ActionEvent event) {
        /*保存员工信息处理代码
         * 保存完成
         */
        //清空文本框的录入
        ID.setText("");
        name.setText("");
        ⋮
        operate.setText("下一个");
    }
}
//注册监听
operate.addActionListener(new OperateHandler());
```

4）exit 按钮事件处理

```
//采用匿名内部类的方式
exit.addActionListener(new ActionListener() {

    @Override
    public void actionPerformed(ActionEvent event) {
        System.exit(0);
    }
});
```

5）运行程序

观察结果，如图 11-1 所示。

4. 任务拓展

（1）能不能通过一个事件处理类来处理两个按钮的单击事件呢？

提示：ActionEvent 类封装了两个方法，即 getActionCommand()和 getSource()。

(2) 使用 GridLayout 布局修改以上界面，完成后如图 11-2 所示。

11.3.2 任务 2 小学生习题训练程序

1. 任务目的

(1) 掌握容器的嵌套使用。

(2) 掌握 KeyEvent 事件的基本概念、事件的产生和事件处理的过程。

2. 任务描述

编程实现一个如图 11-3 所示的小学生习题训练程序的用户界面。并当输入当前题的应答后，按 Enter 键或单击“下一题”按钮进入下一题的应答。要求运算数是 100 以内的数，可视运算数的大小确定某种运算(+、-、*、/)。在完成测试之后显示测试结果即测试总题目数、答对的题目数和使用时间数(以分计)。

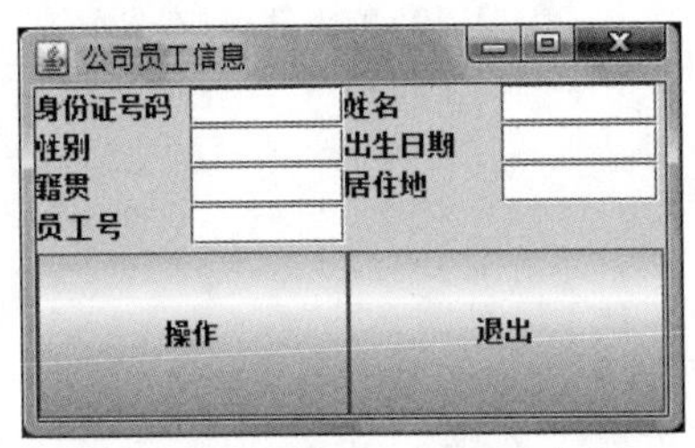

图 11-2 使用 GridLayout 布局

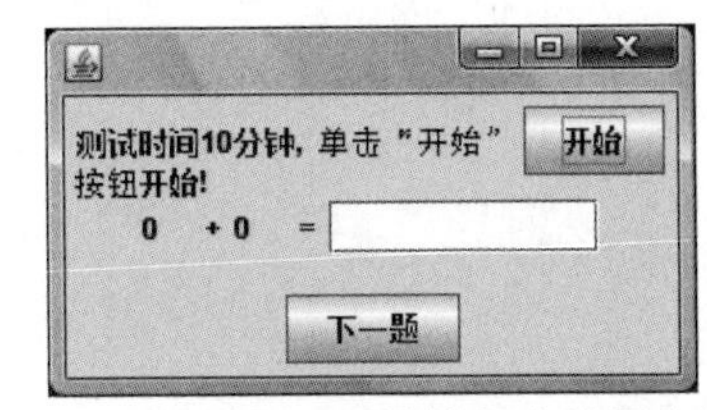

图 11-3 小学生习题训练程序的用户界面

3. 实施步骤

1) GUI 布局设计

根据要求该界面有 3 行组成：第 1 行由一个标签(JLabel)和一个按钮(JButton)组件构成；第 2 行由 4 个标签(分别表示两个运算数、运算符号和等号)和一个文本框(JTextField)组件构成；第 3 行由一个按钮构成。

每一行的组件添加到 FlowLayout 流布局的 JPanel 容器中，外层的 JPanel 采用 GridLayout 布局按 3 行 1 列的形式将所有的子容器添加到上面。

然后再将封装好的 JPanel 容器添加到 JFrame 上。

GUI 设计部分参考代码如下：

```
/* 小学生习题训练程序的初始界面
 * StudentScreen.java
 */
class StudentScreen extends JPanel {
    JLabel num1=new JLabel("0    ");            //显示第 1 个运算数
    JLabel num2=new JLabel("0    ");            //显示第 2 个运算数
    JLabel op=new JLabel("+");                  //显示运算符
    JLabel info=new JLabel("测试时间 10 分钟,单击"开始"按钮开始!");
    JTextField answer=new JTextField(10);       //输入运算结果
    JButton next=new JButton("下一题");          //操作按钮
    JButton start=new JButton("开始");           //操作按钮
    JPanel pan1=new JPanel();
    JPanel pan2=new JPanel();
```

```
    JPanel pan3=new JPanel();
    public StudentScreen() {
        setLayout(new GridLayout(3,1));
        //将第 1 行的组件放在 pan1 容器中
        pan1.add(info);
        pan1.add(start);
        //将第 2 行的组件放在 pan2 容器中
        pan2.add(num1);
        pan2.add(op);
        pan2.add(num2);
        pan2.add(new JLabel("="));
        pan2.add(answer);
        pan3.add(next);
        add(pan1);                                  //将 pan1(第 1 行的组件)放在界面上
        add(pan2);                                  //将 pan2(第 2 行的组件)放在界面上
        add(pan3);                                  //将 pan3(第 3 行的组件)放在界面上
    }
}
/**
 * 最外层容器
 */
public class StudentTrainFrame extends JFrame {
    public StudentTrainFrame() {
        add(new StudentScreen());
        setVisible(true);
        pack();                                     //以最紧凑的方式排列组件
        //设置关闭时退出程序
        setDefaultCloseOperation(JFrame.EXIT_ON_CLOSE);
    }
    public static void main(String[] args) {
        new StudentTrainFrame();
    }
}
```

2）事件处理分析

要实现 StudentScreen 界面上的按钮功能，由任务 1 可知，只要实现 ActionListener 接口即可。要处理按键功能，由于其触发的是 KeyEvent 事件，则需要实现 KeyListener 接口，在接口方法中完成按键功能的实现。

根据题意，测试题有两个运算数，运算数可以取 100 以内的随机整数，运算操作包括+、-、*、/四种运算，可以根据两个操作数的大小来确定运算符。因此可以加入一个成员方法 setOperator()来确定运算符。

在答题后按 Enter 键和单击“下一题”按钮执行的是同一个操作，就是完成当前题目答案的核对处理，产生下一题的运算数和运算符，进入下一题的应答。所以加入一个成员方法 compute()来完成该操作，可以在按键方法 keyPressed()、动作按钮方法 actionPerformed()中调用 compute()方法以避免代码重复。

由于在事件处理过程中，会涉及初始界面的变化，保持初始界面不变，在本程序实现时单独定义了一个类 Exercises 继承 StudentScreen 类，该类负责完成界面的更新和事件处理。

参考代码如下：

```
/*
 *小学生习题训练 Exercises.java
 */
class Exercises extends StudentScreen implements ActionListener,KeyListener
{
    int count=0;                                    //用于记录已答题的数量
    int n1=0,n2=0;                                  //两个运算数
    int total=0;                                    //记录题目的总数量
    int right=0;                                    //记录答对题目的数量
    long timenum=0;                                 //记录答题的开始时间
    Random rand=new Random();                       //用于产生随机数
    public Exercises(int total) {
        this.total=total;
        answer.setEnabled(false);                   //在没开始答题之前，不得答题
        start.addActionListener(this);
        next.addActionListener(this);
        answer.addKeyListener(this);
    }
    /**
     *ActionListener 接口方法的实现
     */
    public void actionPerformed(ActionEvent e) {
        if (e.getSource()==start) {
            info.setText("共"+total+"题!");
            start.setEnabled(false);                //使开始按钮失效
            answer.setEnabled(true);                //开始答题
            answer.requestFocus();                  //获取焦点
            count=right=0;                          //重新置 0
            n1=rand.nextInt(100);
            n2=rand.nextInt(100);
            num1.setText(""+n1);
            num2.setText(""+n2);
            timenum=System.currentTimeMillis();     //获取答题的开始时间
        } else if (e.getSource()==next) {
            compute();                              //调用 compute()成员方法
        }
    }
    /**
     *KeyListener 接口方法的实现
     */
    public void keyPressed(KeyEvent e)              //当按一个键时调用它
    {
        if (e.getKeyCode()!=e.VK_ENTER)
            return;                                 //如果不是按了 Enter 键，则不处理
        compute();                                  //调用 compute()成员方法
```

```
    }
    public void keyReleased(KeyEvent ke)        //当一个键被释放时调用它
    {
        /* 当需要时,输入相关处理代码 */
    }
    public void keyTyped(KeyEvent ke)           //当输入一个字符键时调用它
    {
        /* 当需要时,输入相关处理代码 */
    }
    /********** 成员方法设置运算符 ***********/
    public void setOperator()                   //设置运算符方法
    {
        if (n1>50 && n2>50)
            if (n1<n2)
                op.setText("+");                //n1>50,n2>50,并且 n1<n2 进行加法运算
            else
                op.setText("-");                //n1>50,n2>50,并且 n1≥n2 进行减法运算
        else if (n1>50)
            if (n2>10)
                op.setText("-");                //n1>50,n2>10 进行减法运算
            else
                op.setText("/");                //n1>50,n2≤10 进行除法运算
        else if (n2>50)
            if (n1>10)
                op.setText("+");                //n2>50,n1>10 进行加法运算
            else
                op.setText("*");                //n2>50,n1≤10 进行乘法运算
        else if (n1>n2 && n2<10)
            op.setText("/");                    //n1>n2,n2<10 进行除法运算
        else if (n1<10 || n2<10)
            op.setText("*");                    //n1<10 或 n2<10 进行乘法运算
        else
            op.setText("+");                    //其他进行加法运算
    }
    /********** 成员方法:运算及答案处理 ***********/
    public void compute() {
        float x=0;                              //定义变量
        if (op.getText().equals("+"))
            x=n1+n2;
        else if (op.getText().equals("-"))
            x=n1-n2;
        else if (op.getText().equals("*"))
            x=n1 * n2;
        else if (op.getText().equals("/"))
            x=n1/n2;
        if (x==Float.parseFloat(answer.getText()))
            right++;
        count++;
        if (count==total)                       //测试结束
```

```
        {
            JOptionPane.showMessageDialog(null,"总题数"+total+";答对"+right+
                "道,费时"+(System.currentTimeMillis()-timenum)/60000+"分钟!");
            System.exit(0);                     //退出程序
        }
        n1=rand.nextInt(100)+1;                 //产生下一题
        n2=rand.nextInt(100)+1;
        num1.setText(""+n1);
        num2.setText(""+n2);
        setOperator();                          //设置运算符
        answer.setText("");
        answer.requestFocus();
    }
}
```

参考代码说明:

setOperator() 用于确定本题的运算符,其规则如下。

(1) 当两个运算数 n1、n2 均大于 50 时,若 n1<n2 进行加法运算,否则进行减法运算。

(2) 当 n1>50,n2≤50 时,若 n2>10 进行减法运算,否则(n2≤10)进行除法运算。

(3) 当 n2>50,n1≤50 时,若 n1>10 进行加法运算,否则(n1≤10)进行乘法运算。

(4) 当 n1≤50,n2≤50 时,若 n1>n2 且 n2<10 进行除法运算,否则若 n1<10 或 n2<10 时,进行乘法运算,其他进行加法运算。

compute()主要完成以下几个功能。

(1) 根据运算符对两个运算数进行运算获得正确答案。

(2) 将测试者给出的答案和正确答案相比较,若一致 right 计数加 1。

(3) 答题计数 count 加 1。

(4) 将题目总数 total 和答题计数比较,若相等答题结束,显示结果,程序结束。

(5) 产生下一题。

在 KeyListener 接口中有 3 个方法,实际只用了 keyPressed()方法,在方法中只需要对 Enter 键进行处理,其他键不需要考虑。另两个方法没有用到,所以没有功能实现的程序代码,是两个空方法。

3) 程序运行

单击"开始"按钮后,由初始界面变成如图 11-4 所示的答题界面。

单击"下一题"按钮或者按 Enter 键后进入如图 11-5 所示的答题过程界面。

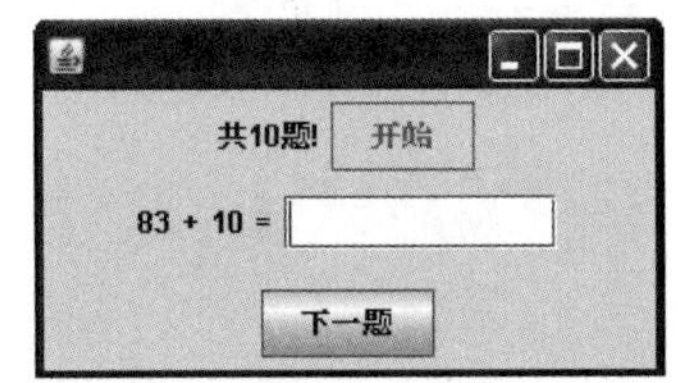

图 11-4 单击"开始"按钮后进入答题界面

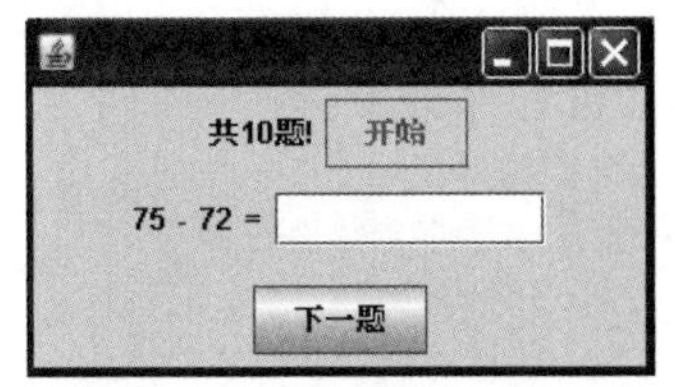

图 11-5 答题过程界面

答题完成后,通过弹出框提示答题结果,如图 11-6 所示。

说明：由于答题速度较快，不到1分钟答完了10道题，所以以上界面显示用时0分钟。读者可以修改程序，如果不到1分钟显示以秒计。

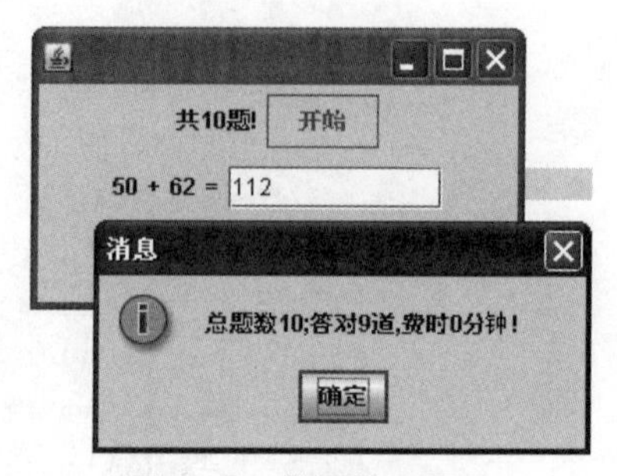

图 11-6　答题结果界面

4. 任务拓展

(1) 键盘按键事件处理采用匿名内部类或内部类的方式实现。

(2) 用户答题后，按 Enter 键或者单击“下一题”按钮后，如果答错了，弹出提示框，询问用户是否再想想，如果用户选择“是”重新做该题。

11.3.3　任务3　“我所喜爱的主食和副食”问卷调查

1. 任务目的

(1) 进一步掌握容器的嵌套使用。

(2) 掌握 Java 中鼠标事件(MouseEvent)及其他事件的基本概念、事件的产生和事件处理的过程。

2. 任务描述

员工食堂为了方便员工就餐，进行了一次“我所喜爱的主食和副食”问卷调查，调查表中列出了一些食堂经营的主食和副食类，经营者将调查表发给各位员工，让他们推荐自己喜欢的主食和副食。经营者将根据调查结果确定其经营方向。试创建一个调查表式的选项界面，如图11-7所示，当鼠标落在选项上时，改变该选项标识的颜色；当鼠标离开选项时，恢复其原来的颜色。

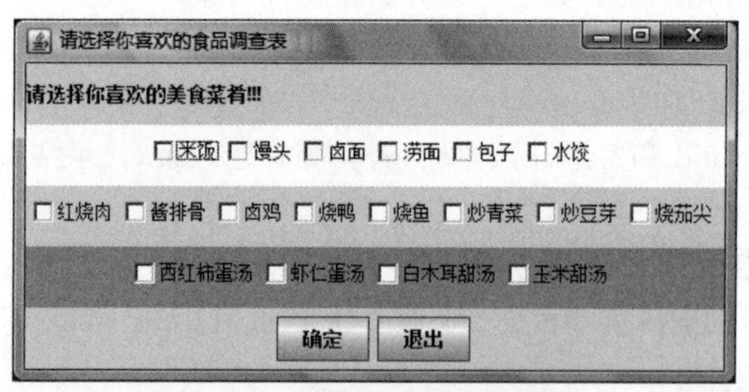

图 11-7　调查表式的选项界面

3. 实施步骤

1) GUI布局设计

参考本章任务2，仍然采用布局嵌套的方式来布局界面。

GUI设计部分参考代码如下：

```
import javax.swing.JFrame;
import java.awt.*;
import javax.swing.*;
public class MealPoll extends JFrame {
    Checkbox[] sele1=new Checkbox[6];
    Checkbox[] sele2=new Checkbox[8];
```

```
    Checkbox[] sele3=new Checkbox[4];
    JPanel panel1=new JPanel();
    JPanel panel2=new JPanel();
    JPanel panel3=new JPanel();
    JPanel panel4=new JPanel();
    JButton ok=new JButton("确定");
    JButton exit=new JButton("退出");
    JLabel prompt=new JLabel("请选择你喜欢的美食菜肴!!!");

    MealPoll() {
        super("请选择你喜欢的食品调查表");          //调用父类构造器,设置标题栏
        sele1[0]=new Checkbox("米饭");            //加入主食选择菜单项
        sele1[1]=new Checkbox("馒头");
        sele1[2]=new Checkbox("卤面");
        sele1[3]=new Checkbox("涝面");
        sele1[4]=new Checkbox("包子");
        sele1[5]=new Checkbox("水饺");
        sele2[0]=new Checkbox("红烧肉");          //加入副食菜类选择菜单项
        sele2[1]=new Checkbox("酱排骨");
        sele2[2]=new Checkbox("卤鸡");
        sele2[3]=new Checkbox("烧鸭");
        sele2[4]=new Checkbox("烧鱼");
        sele2[5]=new Checkbox("炒青菜");
        sele2[6]=new Checkbox("炒豆芽");
        sele2[7]=new Checkbox("烧茄尖");
        sele3[0]=new Checkbox("西红柿蛋汤");      //加入副食汤类选择菜单项
        sele3[1]=new Checkbox("虾仁蛋汤");
        sele3[2]=new Checkbox("白木耳甜汤");
        sele3[3]=new Checkbox("玉米甜汤");
        panel1.setBackground(Color.white);       //设置容器 panel1 背景
        for (int i=0; i<sele1.length; i++)
            panel1.add(sele1[i]);                //将主食选项加入 panel1 容器中
        panel2.setBackground(Color.pink);        //设置容器 panel2 背景
        for (int i=0; i<sele2.length; i++)
            panel2.add(sele2[i]);                //将菜类选项加入 panel2 容器中
        for (int i=0; i<sele3.length; i++)
            panel3.add(sele3[i]);                //将汤类选项加入 panel3 容器中
        panel4.add(ok);                          //将按钮项加入 panel4 容器中
        panel4.add(exit);
        Container pane=this.getContentPane();    //获得界面容器
        pane.setLayout(new GridLayout(5,1));     //界面容器布局 5 行 1 列
        pane.add(prompt);                        //将标签项放入界面容器
        pane.add(panel1);                        //将 panel1 放入界面容器
        pane.add(panel2);                        //将 panel2 放入界面容器
        pane.add(panel3);                        //将 panel3 放入界面容器
        pane.add(panel4);                        //将 panel4 放入界面容器
        this.pack();
        this.setVisible(true);                   //窗口上的内容是可见的
        this.setDefaultCloseOperation(EXIT_ON_CLOSE);
```

```
    }
    public static void main(String[] args) {
        new MealPoll();
    }
}
```

2）事件处理分析

根据题意，要实现监视鼠标位置，用到鼠标操作所产生的 MouseEvent 事件。由于在 MouseListener 接口中提供了 5 个方法，所以实现 MouseListener 接口需要编写这 5 个方法。但事实上，本例只需要实现两个方法 MouseEntered（鼠标进入）和 MouseExited（鼠标离开），因此可以创建一个 MouseAdapter 适配器类派生的内部类 MouseHandler，重写 mouseEntered()和 mouseExited()方法，实现鼠标进入选项改变其标识颜色，离开时恢复其颜色的处理。

鼠标事件适配器类的实现参考代码如下：

```
//鼠标事件适配器类的实现
class MouseHandler extends MouseAdapter {
    public void mouseEntered(MouseEvent event)          //鼠标进入事件
    {
        Checkbox checkBox= (Checkbox) event.getSource();  //获得事件源对象
        oldColor=checkBox.getForeground();              //记录对象的原前景色
        checkBox.setForeground(Color.BLUE);             //设置对象的前景色为蓝色
    }
    public void mouseExited(MouseEvent event)           //鼠标离开事件
    {
        Checkbox checkBox= (Checkbox) event.getSource();  //获得事件源对象
        checkBox.setForeground(oldColor);               //恢复对象的前景色
    }
}
```

注意注册事件监听，主要代码如下：

```
for (int i=0; i<sele1.length; i++) {
    panel1.add(sele1[i]);                          //将主食选项加入 panel1 容器中
    sele1[i].addMouseListener(new MouseHandler());
}
```

自己补充完整副食菜类、汤类的事件监听。

3）程序运行

鼠标移入时，前景色变为蓝色，如图 11-8 所示，移出时又恢复原来的前景色。

4. 任务拓展

给“确定”按钮和“退出”按钮增加事件处理，当单击“确定”按钮时，能够获取用户的选项并通过弹出框提示，当单击“退出”按钮时退出应用程序。

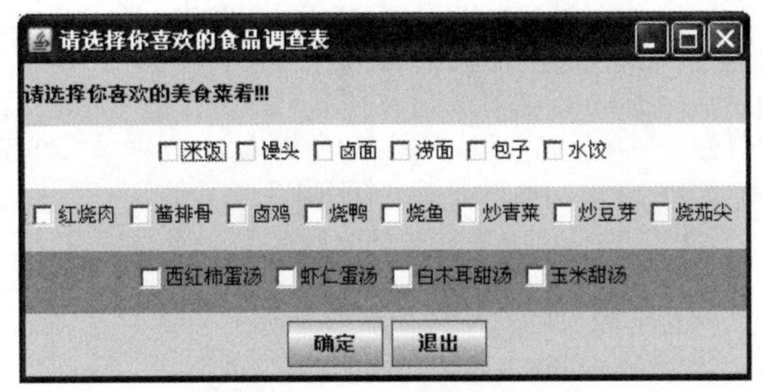

图 11-8 鼠标移入时

11.3.4 任务 4 公司员工信息处理菜单

1. 任务目的

(1) 了解菜单栏(JMenuBar)、菜单(JMenu)和菜单项(JMenuItem)的功能和作用。

(2) 了解如何使用 JMenuBar、JMenu 和 JMenuItem 类创建菜单。

2. 任务描述

创建一个公司员工信息处理菜单用户界面,如图 11-9 所示。

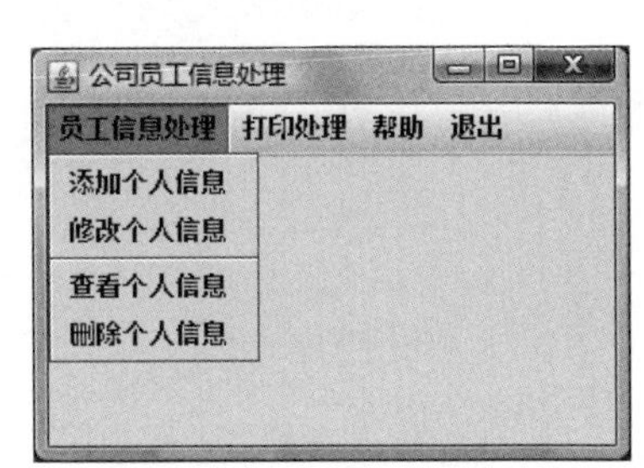

图 11-9 公司员工信息处理菜单用户界面

3. 实施步骤

1) 简要分析

一般来说,员工的基本信息管理可以包括添加员工信息、修改员工信息、查看员工信息、在员工调离后删除其信息等,此外还需要打印员工信息表以备案,有时还需要打印某个或某些员工的信息,对有些项目的说明提供帮助功能。

使用 javax.swing 类包中提供的 JMenuBar、JMenu、JMenuItem 功能将其划分为 4 个菜单:员工信息处理(添加个人信息、修改个人信息、查看个人信息、删除个人信息)、打印处理(打印所有信息、打印指定信息、打印指定员工的信息)、帮助和退出。

2) 参考代码

```
import javax.swing.JFrame;
import javax.swing.JMenu;
import javax.swing.JMenuBar;
import javax.swing.JMenuItem;

/* 这是一个公司员工信息处理菜单界面
 * 程序的名字是 EmployeeMenu.prg
 */
public class EmployeeMenu extends JFrame {
    JMenuBar empBar=new JMenuBar();                        //定义菜单栏对象
    JMenu mess=new JMenu("员工信息处理");                  //定义员工信息处理菜单对象
    JMenuItem addMess=new JMenuItem("添加个人信息");       //定义菜单项对象
    JMenuItem editMess=new JMenuItem("修改个人信息");
```

```
    JMenuItem checkMess=new JMenuItem("查看个人信息");
    JMenuItem delMess=new JMenuItem("删除个人信息");
    JMenu prtMess=new JMenu("打印处理");                    //定义打印处理菜单对象
    JMenuItem prt_all=new JMenuItem("打印所有信息");       //定义菜单项对象
    JMenuItem prt_part=new JMenuItem("打印指定信息");
    JMenuItem prt_one=new JMenuItem("打印指定员工的信息");
    JMenu help=new JMenu("帮助");                           //定义帮助菜单对象
    JMenuItem info=new JMenuItem("关于帮助");               //定义菜单项对象
    JMenuItem subject=new JMenuItem("帮助主题");
    JMenu exit=new JMenu("退出");                           //定义退出菜单对象

    public EmployeeMenu()                                   //构造方法
    {
        this.setTitle("公司员工信息处理");                  //设置框架窗体标题
        /*以下把文件菜单项加入 Mess 菜单中*/
        mess.add(addMess);
        mess.add(editMess);
        mess.addSeparator();                                //添加分割条
        mess.add(checkMess);
        mess.add(delMess);
        /*以下把编辑菜单项加入 prtMess 菜单中*/
        prtMess.add(prt_all);
        prtMess.addSeparator();                             //添加分割条
        prtMess.add(prt_part);
        prtMess.addSeparator();                             //添加分割条
        prtMess.add(prt_one);
        /*以下把帮助菜单项加入 Help 菜单中*/
        help.add(info);
        help.add(subject);
        /*以下把所有菜单加入菜单栏中*/
        empBar.add(mess);
        empBar.add(prtMess);
        empBar.add(help);
        empBar.add(exit);
        this.setJMenuBar(empBar);                           //将菜单栏加入框架窗口
        this.setSize(300,200);
        this.setVisible(true);
        this.setDefaultCloseOperation(3);
    }
    public static void main(String[] args) {
        new EmployeeMenu();
    }
}
```

3）程序运行

观察结果，如图 11-9 所示。

4. 任务拓展

通过查阅 Java 的 API 文档，试着给菜单加上事件处理功能。

11.3.5 任务5 商场收银软件

1. 任务目的

(1) 进一步掌握容器的嵌套使用。

(2) 掌握视图部分和业务逻辑部分的分离。

2. 任务描述

实现如图11-10所示的商场收银软件。

图11-10 商场收银软件

3. 实施步骤

1) GUI布局设计

考虑到中间区域最大及整体的结构，最外层采用边界布局BorderLayout，中间区域和南部区域都只放置一个组件，只有北部区域放置了很多组件，所以必然得容器嵌套。

本例将使用盒式容器BoxLayout，最外层是创建一个水平方向的BoxLayout，里面3个垂直方向上的BoxLayout。

确定了布局后，我们再来分析一下涉及的组件有哪些。

标签：JLabel。

按钮：JButton。

文本框：JTextField。

文本域：JTextArea。

下拉列表：JComboBox。

小技巧：如何查找到自己所需要的组件呢？在Java API文档中，找到JComponent，看看它的子类，由于组件命名都非常规范，相信你能很轻松地找到自己所需要的组件。

这里就是JComboBox组件稍微复杂些，我们一起来看看如何使用。

先看看如何构建它。在Java API中找到如下的构造方法：

JComboBox(Object[] items)：创建包含指定数组中的元素的JComboBox。

相信你很快就可以写出如下代码：

```
String[] items={"正常收费","打8折","打7折","打5折","满300返100"};
JComboBox method=new JComboBox(items);
```

GUI设计部分参考代码如下：

```
package task;
import java.awt.Dimension;
import java.awt.Font;
import java.awt.event.ActionEvent;
import java.awt.event.ActionListener;
import javax.swing.Box;
import javax.swing.BoxLayout;
import javax.swing.JButton;
import javax.swing.JComboBox;
import javax.swing.JFrame;
import javax.swing.JLabel;
import javax.swing.JPanel;
import javax.swing.JScrollPane;
import javax.swing.JTextArea;
import javax.swing.JTextField;
public class CashSystem extends JFrame {
    public static final int WIDTH=400;
    public static final int HEIGHT=400;
    private JTextField price;
    private JTextField number;
    private JButton confirm;
    private JButton cancel;
    private JTextArea showArea;
    private JScrollPane jShowArea;
    private JLabel showResult;
    private double total=0.0;
    private JComboBox method;
    public void startFrame() {
        this.setTitle("商场收银软件");
        //屏幕居中
        Dimension d=this.getToolkit().getScreenSize();
        this.setLocation((d.width-WIDTH)/2,(d.height-HEIGHT)/2);
        this.setSize(WIDTH,HEIGHT);
        //关闭时退出当前程序
        this.setDefaultCloseOperation(JFrame.EXIT_ON_CLOSE);
        //设置大小不可调整
        this.setResizable(false);
        //北部第1个垂直方向的容器
        JPanel v1=new JPanel();
        BoxLayout b1=new BoxLayout(v1,BoxLayout.Y_AXIS);
        v1.setLayout(b1);
        v1.add(new JLabel("单价："));
        v1.add(new JLabel("数量："));
        v1.add(new JLabel("计算方式:"));
```

```
        //北部第 2 个垂直方向的容器
        JPanel v2=new JPanel();
        BoxLayout b2=new BoxLayout(v2,BoxLayout.Y_AXIS);     //产生一个容器
        v2.setLayout(b2);
        price=new JTextField(15);
        number=new JTextField(15);
        String[] items={ "正常收费","打 8 折","打 7 折","打 5 折","满 300 返 100" };
        method=new JComboBox(items);
        v2.add(price);
        v2.add(number);
        v2.add(method);
        //北部第 3 个垂直方向的容器
        JPanel v3=new JPanel();
        BoxLayout b3=new BoxLayout(v3,BoxLayout.Y_AXIS);     //产生一个容器
        v3.setLayout(b3);
        confirm=new JButton("确定");
        cancel=new JButton("重置");
        v3.add(confirm);
        v3.add(cancel);
        //北部外层水平方向的容器
        JPanel h=new JPanel();
        BoxLayout b4=new BoxLayout(h,BoxLayout.X_AXIS);      //产生一个容器
        h.setLayout(b4);
        h.add(v1);
        h.add(v2);
        h.add(v3);
        //中间区域的文本域组件
        showArea=new JTextArea(6,15);
        //给文本域加上滚动条,内容显示不全时自动出现滚动条
        jShowArea=new JScrollPane(showArea);
        //南部区域放置的组件
        showResult=new JLabel("总价");
        //确定按钮事件处理
        confirm.addActionListener(new ConfirmHandler());
        this.add(h,"North");
        this.add(jShowArea,"Center");
        this.add(showResult,"South");
        this.setVisible(true);
    }
    public static void main(String[] args) {
        CashSystem cs=new CashSystem();
        cs.startFrame();
    }
}
```

2）编写业务逻辑类

为了实现代码复用,将业务逻辑部分单独封装成一个类 Cash。

Cash 类的实现参考代码如下：

```
package task.update.model;
public class Cash {
    private double price;
    private int num;
    public Cash(double price,int num) {
        super();
        this.price=price;
        this.num=num;
    }
    //打 8 折、7 折、5 折的计算方法
    public double getCash(double rate) {
        return price * num * rate;
    }
    //满 300 返 100 的计算方法
    public double getCash(int moneyCondition,int moneyReturn) {
        double money;
        money=price * num;
        if (money>moneyCondition) {
            return money-(int) money/moneyCondition * moneyReturn;
        } else
            return money;
    }
}
```

3）"重置"按钮事件处理

采用匿名内部类的方式，参考代码如下：

```
cancel.addActionListener(new ActionListener() {
    public void actionPerformed(ActionEvent e) {
        price.setText(null);
            number.setText(null);
            showArea.setText(null);
            showResult.setText(null);
    }
});
```

4）"确定"按钮事件处理

采用内部类的方式，参考代码如下：

```
class ConfirmHandler implements ActionListener {
    double totalPrice=0;
    public void actionPerformed(ActionEvent e) {
        Cash cash=new Cash(Double.parseDouble(price.getText()),
                Integer.parseInt(number.getText()));
        String condition="正常收费";
        //判断选择的计算方式，下标从 0 开始
        switch(method.getSelectedIndex()) {
        case 0:
            totalPrice=cash.getCash(1);
```

```
                condition="正常收费";
                break;
            case 1:
                totalPrice=cash.getCash(0.8);
                condition="打 8 折";
                break;
            case 2:
                totalPrice=cash.getCash(0.7);
                condition="打 7 折";
                break;
            case 3:
                totalPrice=cash.getCash(0.5);
                condition="打 5 折";
                break;
            case 4:
                totalPrice=cash.getCash(300,100);
                condition="满 300 返 100";
                break;
            }
            total=total+totalPrice;
            showArea.append(condition+"--单价: "+price.getText()+"数量: "
                        +number.getText()+"合计: "+totalPrice+"\n");
            //设置标签显示的字体
            showResult.setFont(new Font("楷体",Font.ITALIC,20));
            showResult.setText("总计: "+total+"元");
        }
    }
```

5）程序运行

观察结果，如图 11-10 所示。

4. 任务拓展

以上代码实现了业务层和视图层的分离，可是每当商场有新的活动时，还是需要修改 Cash 类的实现，根据前面所学习的面向对象的相关知识，能不能进一步改进程序呢？

11.3.6 任务 6 猜数字小程序

1. 任务目的

（1）进一步掌握容器的嵌套使用。

（2）掌握通过 Lambda 表达式进行事件处理的方法。

2. 任务描述

实现如图 11-11 所示的猜数字小程序，其中事件处理通过 Lambda 表达式实现。

3. 实施步骤

1）GUI 布局设计

本例使用简单的流式布局（ new FlowLayout() ），通过设置固定的宽度和窗口不可拖曳（ setResizable(false) ）限制各组件的位置。

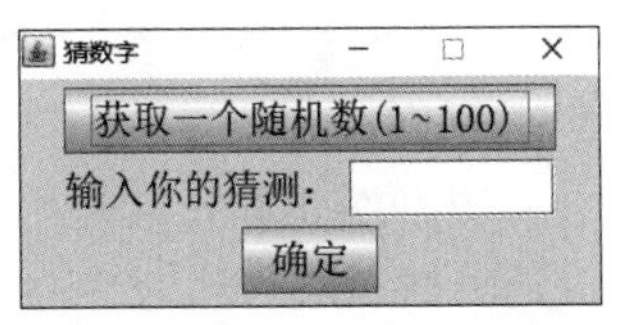

图 11-11 猜数字小程序

通过分析，本例 GUI 比较简洁，涉及的组件只有以下 4 种：按钮(JButton)、标签(JLable)、文本框(JTextField)和面板(JPanel)。其他组件嵌入面板组件中，方便进行统一的设置和管理。

GUI 设计部分参考代码如下：

```
package task;
import java.awt.*;
import javax.swing.*;
public class WindowGuess extends JFrame {
    int rdNum;                                          //存放生成的随机数
    byte cnt;                                           //用户猜测的次数
    JLabel jlHint;
    JTextField jtfInNum;
    JButton jbtGetNum, jbtSubmit;
    JPanel jp = new JPanel();
    public WindowGuess() {
        rdNum = (int) (Math.random() * 100) + 1;
        jbtGetNum = new JButton("获取一个随机数(1~100)");
        jbtGetNum.setFont(new Font("宋体", Font.PLAIN, 24));
        jlHint = new JLabel("输入你的猜测:");
        jlHint.setBackground(Color.cyan);
        jlHint.setFont(new Font("宋体", Font.PLAIN, 24));
        jtfInNum = new JTextField(10);
        jtfInNum.setFont(new Font("宋体", Font.PLAIN, 24));
        jbtSubmit = new JButton("确定");
        jbtSubmit.setFont(new Font("宋体", Font.PLAIN, 24));
        jp.setLayout(new FlowLayout());
        jp.add(jbtGetNum);
        jp.add(jlHint);
        jp.add(jtfInNum);
        jp.add(jbtSubmit);
        add(jp);
        //todo 事件处理
        setBounds(100, 100, 150, 150);
        setVisible(true);
        setResizable(false);
        setDefaultCloseOperation(JFrame.DISPOSE_ON_CLOSE);
    }
    public static void main(String args[]) {
        WindowGuess win = new WindowGuess();
        win.setTitle("猜数字");
        win.setBounds(500,300,360,360);
    }
}
```

2）事件处理分析

本例事件处理只有两个按钮需要绑定事件并进行相应处理。按钮“获取一个随机数(1～100)”被单击后，程序自动生成一个 1～100 的随机数，并重置用户猜测的次数。“确定”按钮被单击后，先将第一个按钮设置为不可用，之后获取用户在文本框中输入的数字并将猜测次数加 1，将用户输入的数字和程序生成的随机数进行比较，给出相应的提示和猜测次数。

事件处理业务逻辑比较简单，所以采用 Lambda 表达式的方式进行处理。通过 Lambda 表达式可以将函数作为参数传递进方法中，使代码变得更加简洁紧凑。Lambda 表达式的语法格式如下：

```
( parameters )  ->  { statements; }
```

Lambda 表达式示例如下：

```
//1. 不需要参数,返回值为 5
() -> 5
//2. 接收一个参数(数字类型),返回其 2 倍的值
(x) -> 2 * x
//3. 接收两个参数(数字),返回他们的差值
(x, y) -> x - y
//4. 接收两个 int 型整数,返回他们的和
(int x, int y) -> x + y
//5. 接收一个 string 对象,在控制台打印,不返回任何值
(String s) -> { System.out.print(s); }
```

通过 Lambda 表达式进行事件处理参考代码如下：

```
//Lambda 表达式实现事件处理
jbtGetNum.addActionListener((e) -> {
    rdNum = (int)(Math.random() * 100) + 1;
    cnt = 0;
    jlHint.setText("输入你的猜测:");
    jtfInNum.setText(null);
    jbtSubmit.setEnabled(true);
});
//Lambda 表达式实现"确定"按钮的事件处理
jbtSubmit.addActionListener((e) -> {
    jbtGetNum.setEnabled(false);
    int guess = 0;
    try {
        guess = Integer.parseInt(jtfInNum.getText());
        cnt++;
        if (guess == rdNum) {
            jlHint.setText("猜对了(猜测次数:" + cnt + ")");
            jbtSubmit.setEnabled(false);
            jbtGetNum.setEnabled(true);
            jtfInNum.setText(null);
        } else if (guess > rdNum) {
            jlHint.setText("猜大了(猜测次数:" + cnt + ")");
            jtfInNum.setText(null);
        } else if (guess < rdNum) {
            jlHint.setText("猜小了(猜测次数:" + cnt + ")");
            jtfInNum.setText(null);
```

```
            }
        } catch (NumberFormatException event) {
            jlHint.setText("请输入数字字符");
        }
    });
```

4. 任务拓展

通过查阅Java的API文档，尝试使用盒式布局修改本例。将第一个按钮的事件处理修改为常规的函数接口方式，比较与Lambda表达式的不同，感受Lambda表达式的简洁。

11.4 课后巩固练习

(1) 设计一个如图11-12(a)所示的系统注册界面。用户输入姓名、性别、生日、爱好、电邮、学历等信息，然后单击“注册”按钮，则会弹出如图11-12(b)所示的注册成功界面，并显示该用户的注册信息。

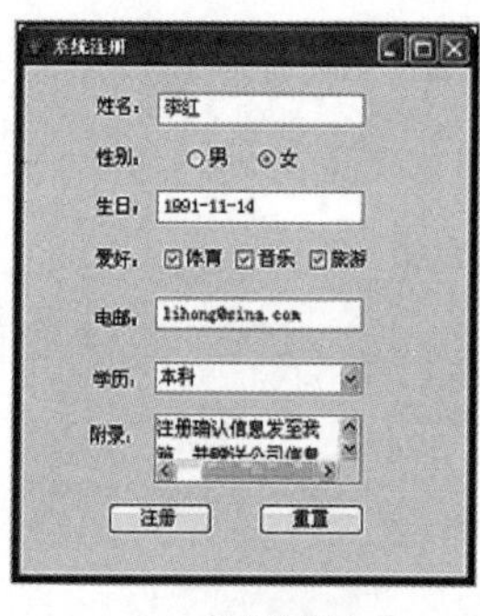

(a) 系统注册

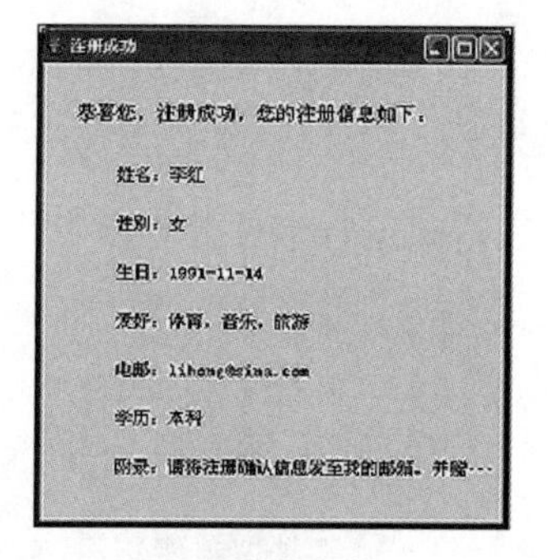

(b) 注册成功

图 11-12 系统注册界面

(2) 设计一个如图11-13所示的计算器界面，并实现连续加、减、乘、除的功能。

图 11-13 计算器界面

第 12 章　输入输出流

12.1　实验目的

（1）掌握 File 类的使用。
（2）掌握字符流 Reader 和 Writer 的使用。
（3）掌握字节流 InputStream 和 OutputStream 的使用。
（4）理解字节流和字符流的使用场合。
（5）掌握内存操作流。
（6）掌握打印流。
（7）理解缓冲流。
（8）了解 Scanner 类实现文件操作。
（9）理解对象序列化。

12.2　实验任务

（1）任务 1：FileWriter 和 BufferedWriter 比较。
（2）任务 2：给源程序加入行号。
（3）任务 3：统计英语短文字母 A 出现的次数。
（4）任务 4：简易 Java 考试系统。

12.3　实验内容

12.3.1　任务 1　FileWriter 和 BufferedWriter 比较

1. 任务目的

（1）掌握字符流的使用。
（2）理解缓冲流的作用。

2. 任务描述

分别使用 FileWriter 和 BufferedWriter 往文件中写入 10 万个随机数，比较用时的多少。

3. 实施步骤

（1）直接使用 FileWriter 往文件中写入 10 万个随机数。
提示：计算用时使用 System.currentTimeMills 求时间差。
参考代码如下：

```
import java.io.FileWriter;
import java.io.IOException;
public class Task1_1 {
    public static void main(String[] args) throws IOException {
        long start=System.currentTimeMillis();          //获取开始时间
        //创建字符文件输出流
        FileWriter fw=new FileWriter("D:\\task1.txt");
        for (int i=1; i<=100000; i++) {
            fw.write((int) (Math.random() * 10000)+" \t");
        }
        fw.close();                                     //别忘了关闭流
        long t=System.currentTimeMillis()-start;        //计算时间差
        System.out.println("Time elapsed: "+t+"ms");
    }
}
```

(2) 运行程序,输出结果为 Time elapsed: 93ms。D 盘 task1.txt 文件中写入的内容如图 12-1 所示。

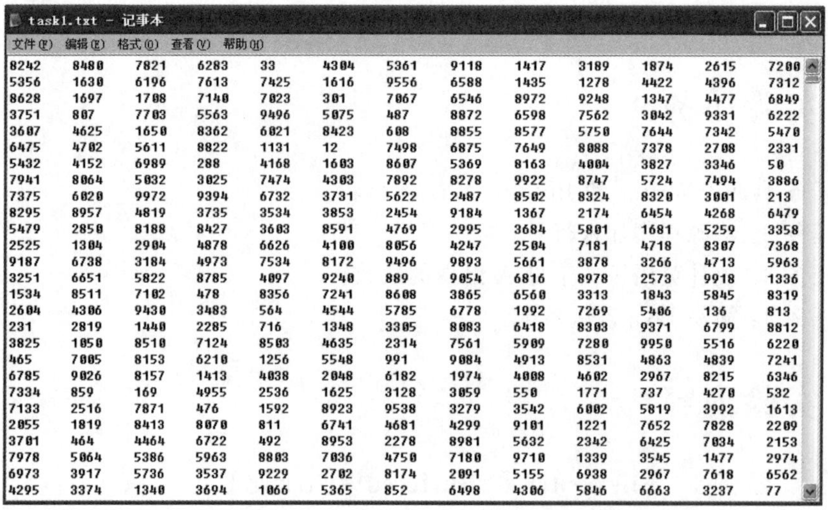

task1.txt - 记事本

文件(F) 编辑(E) 格式(O) 查看(V) 帮助(H)

```
8242	8480	7821	6283	33	4304	5361	9118	1417	3189	1874	2615	7200
5356	1630	6196	7613	7425	1616	9556	6588	1435	1278	4422	4396	7312
8628	1697	1708	7140	7023	301	7067	6546	8972	9248	1347	4477	6849
3751	807	7703	5563	9496	5075	487	8872	6598	7562	3042	9331	6222
3607	4625	1650	8362	6021	8423	608	8855	8577	5750	7644	7342	5470
6475	4702	5611	8822	1131	12	7498	6875	7649	8088	7378	2708	2331
5432	4152	6989	288	4168	1603	8607	5369	8163	4004	3827	3346	50
7941	8064	5032	3025	7474	4303	7892	8278	9922	8747	5724	7494	3886
7375	6020	9972	9394	6732	3731	5622	2487	8502	8324	8320	3001	213
8295	8957	4819	3735	3534	3853	2454	9184	1367	2174	6454	4268	6479
5479	2850	8188	8427	3603	8591	4769	2995	3684	5801	1681	5259	3358
2525	1304	2904	4878	6626	4100	8056	4247	2504	7181	4718	8307	7368
9187	6738	3184	4973	7534	8172	9496	9893	5661	3878	3266	4713	5963
3251	6651	5822	8785	4097	9240	889	9054	6816	8978	2573	9918	1336
1534	8511	7102	478	8356	7241	8608	3865	6560	3313	1843	5845	8319
2604	4306	9430	3483	564	4544	5785	6778	1992	7269	5406	136	813
231	2819	1440	2285	716	1348	3305	8083	6418	8303	9371	6799	8812
3825	1050	8510	7124	8503	4635	2314	7561	5909	7280	9950	5516	6220
465	7005	8153	6210	1256	5548	991	9084	4913	8531	4863	4839	7241
6785	9026	8157	1413	4038	2048	6182	1974	4008	4602	2967	8215	6346
7334	859	169	4955	2536	1625	3128	3059	550	1771	737	4270	532
7133	2516	7871	476	1592	8923	9538	3279	3542	6002	5819	3992	1613
2055	1819	8413	8070	811	6741	4681	4299	9101	1221	7652	7828	2209
3701	464	4464	6722	492	8953	2278	8981	5632	2342	6425	7034	2153
7978	5064	5386	5963	8803	7036	4750	7180	9710	1339	3545	1477	2974
6973	3917	5736	3537	9229	2702	8174	2091	5155	6938	2967	7618	6562
4295	3374	1340	3694	1066	5365	852	6498	4306	5846	6663	3237	77
```

图 12-1 D 盘 task1.txt 文件中写入的内容

(3) 使用 BufferedWriter 往文件中写入 10 万个随机数。

参考代码如下:

```
import java.io.BufferedWriter;
import java.io.FileWriter;
import java.io.IOException;
public class Task1_2 {
    public static void main(String[] args) throws IOException {
        long start=System.currentTimeMillis();
        //使用 BufferedWriter 装饰 FileWriter 类,使其具有缓冲功能
        BufferedWriter fw=new BufferedWriter(new FileWriter("D:\\task1.txt"));
        for (int i=1; i<=100000; i++) {
```

```
            fw.write((int) (Math.random() * 10000)+" \t");
        }
        fw.close();
        long t=System.currentTimeMillis()-start;
        System.out.println("Time elapsed: "+t+"ms");
    }
}
```

（4）运行程序。

运行结果如下：

```
Time elapsed: 78ms
```

4. 任务拓展

（1）直接使用 FileReader 读取 task1.txt 文件的内容。

（2）使用 BufferedReader 读取 task1.txt 文件的内容。

（3）比较两种读文件方法的用法区别。

12.3.2 任务 2 给源程序加入行号

1. 任务目的

（1）掌握字符输入流和字符输出流的使用。

（2）掌握缓冲输入流的常用方法。

2. 任务描述

编写一个可以给源程序加入行号的程序。利用文件输入流读入该文件，加入行号后，将这个文件另存为以 txt 为扩展名的文件中。

3. 实施步骤

（1）准备好需要添加行号的文件，如读取 Task1_1.java 文件。

（2）读取文件内容，每次读取一行，添加行号后，输出到另一个文件中。

参考代码如下：

```
import java.io.BufferedReader;
import java.io.BufferedWriter;
import java.io.File;
import java.io.FileReader;
import java.io.FileWriter;
import java.io.IOException;
public class Task2 {
    public static void main(String[] args) throws IOException {
        File inFile=new File("D:","task1_1.java");          //添加当前文件路径
        File outFile=new File("D:\\temp.txt");              //目标文件
        //创建指向 inFile 的输入流
        FileReader fileReader=new FileReader(inFile);
        BufferedReader bufferedReader=new BufferedReader(fileReader);
        //创建指向文件 tempFile 的输出流
        FileWriter tofile=new FileWriter(outFile);
```

```
        BufferedWriter out=new BufferedWriter(tofile);
        int i=0;                                                //记录行号
        String s=bufferedReader.readLine();                     //从源文件读取一行
        while (s!=null) {
            i++;
            out.write(i+" "+s);
            out.newLine();                                      //换行
            s=bufferedReader.readLine();                        //从源文件读取下一行
        }
        fileReader.close();
        bufferedReader.close();
        out.flush();
        out.close();
        tofile.close();
    }
}
```

（3）运行程序。

观察结果，在 D 盘生成了一 temp.txt 文件，文件内容如图 12-2 所示。

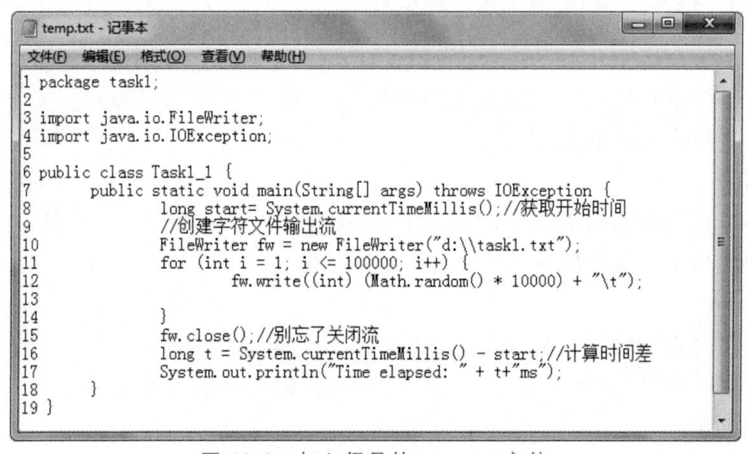


```
1 package task1;
2
3 import java.io.FileWriter;
4 import java.io.IOException;
5
6 public class Task1_1 {
7       public static void main(String[] args) throws IOException {
8               long start= System.currentTimeMillis();//获取开始时间
9               //创建字符文件输出流
10              FileWriter fw = new FileWriter("d:\\task1.txt");
11              for (int i = 1; i <= 100000; i++) {
12                      fw.write((int) (Math.random() * 10000) + "\t");
13
14              }
15              fw.close();//别忘了关闭流
16              long t = System.currentTimeMillis() - start;//计算时间差
17              System.out.println("Time elapsed: " + t+"ms");
18      }
19 }
```

图 12-2　加入行号的 temp.txt 文件

4. 任务拓展

利用 JFileChooser 类提示用户选择一个源文件。

12.3.3　任务 3　统计英语短文字母 A 出现的次数

1. 任务目的

（1）掌握字节输入流的使用。

（2）掌握字节输出流的使用。

2. 任务描述

在文本文件 poem.txt 中包含很长篇幅的英语短文，编写程序要求统计文件的所有短文中包含英文字母 A（不区分大小写）的个数，并显示统计时间。

3. 实施步骤

1）准备好 poem.txt 文件

poem.txt 文件中的内容如图 12-3 所示。

```
If you think you are beaten, you are;
If you think you dare not, you don't;
If you want to win but think you can't;
It's almost a cinch you won't.
If you think you'll lose, you're lost;
For out of the world we find Success begins with a fellow's will;
It's all in a state of mind.
Life's battles don't always go To the stronger and faster man,
But sooner or later the man who wins Is the man who thinks he can.
```

图 12-3　poem.txt 文件中的内容

2）使用 FileInputStream 读取文件中的内容并统计字母 A 出现的次数

参考代码如下：

```
import java.io.FileInputStream;
import java.io.IOException;
public class Task3 {
    public static void main(String[] args) throws IOException {
        long time=System.currentTimeMillis();
        String filename="poem.txt";
        FileInputStream f=new FileInputStream(filename);
        int count=0;
        int c;
        while ((c=f.read())!=-1) {      //读不到字符时返回-1
            if (c=='A'||c=='a') {
                count++;
            }
        }
        f.close();
        System.out.println("poem.txt 文件中 A 的个数为:"+count);
        time=System.currentTimeMillis()-time;
        System.out.println("统计 A 的时间为: "+time);
    }
}
```

3）程序运行

运行结果如下：

```
poem.txt 文件中 A 的个数为: 22
统计 A 的时间为: 0
```

4. 任务拓展

使用缓冲流 BufferedInputStream 来读取文件中的内容，并比较所用时间。

12.3.4　任务 4　简易 Java 考试系统

1. 任务目的

（1）掌握如何进行分层设计程序。

(2) 掌握文件输入流和输出流的使用。

(3) 掌握对象输入流和输出流的使用。

(4) 能够灵活地运用输入输出流解决实际的应用。

(5) 进一步掌握图形用户界面的设计及其事件处理。

2. 任务描述

该系统可以生成10道选择题,每次生成的顺序都不同,单击题号按钮,显示相应的题目进行作答。都答完后,单击“关闭”按钮会有一个提示框,单击“是”按钮,在弹出的对话框中输入自己学号后两位,保存本次答题结果,如图12-4～图12-7所示。

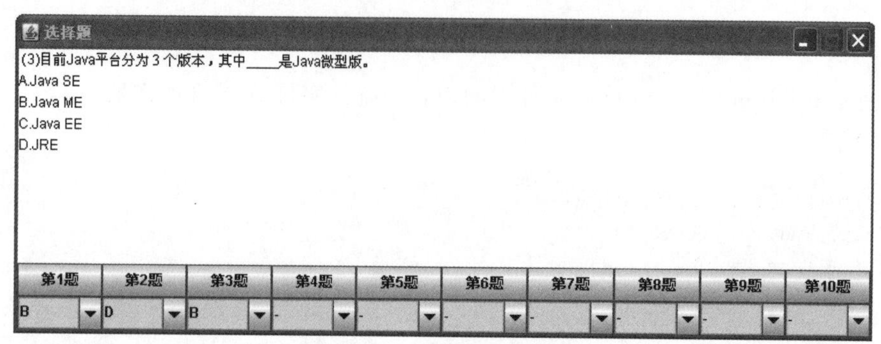

图 12-4 答题过程界面

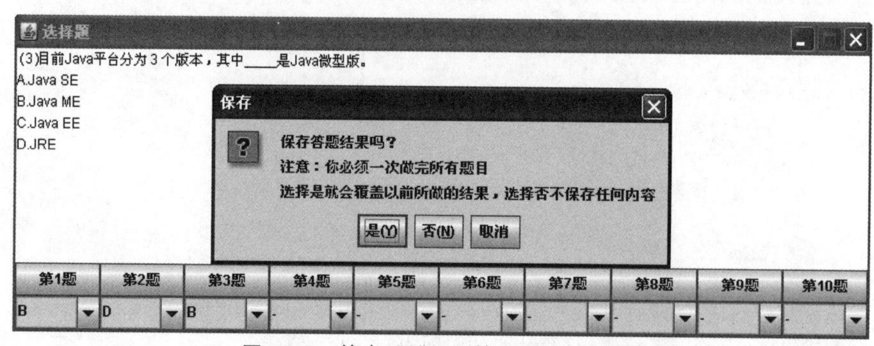

图 12-5 单击“关闭”按钮弹出对话框

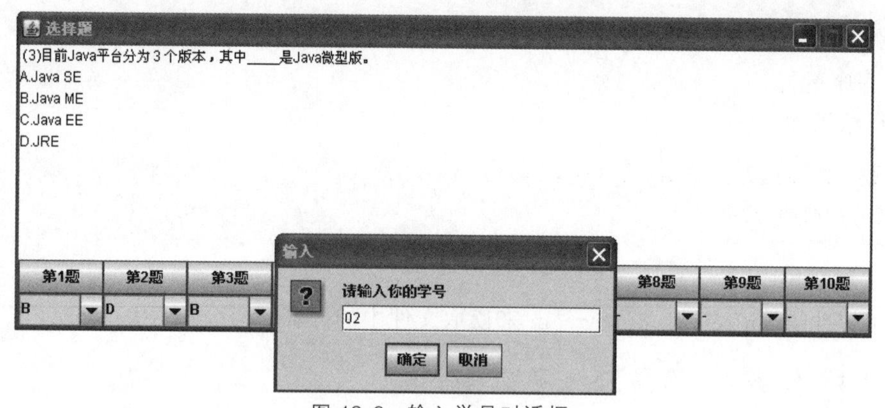

图 12-6 输入学号对话框

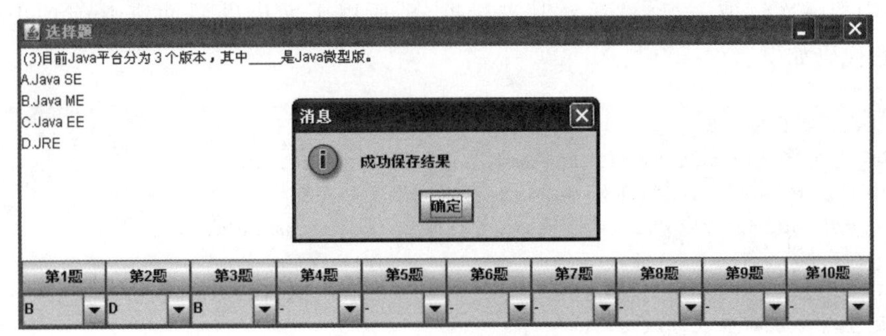

图 12-7　保存结果界面

3. 实施步骤

1）思路分析

这里不过多地分析界面设计部分，主要分析涉及 I/O 操作的部分。

问题 1：题目从哪里得到？

我们借助文件保存 10 道题目，包括问题、答案和正确答案，为了便于拆分字符串，以 # 作为分隔符，文件中的题目按照如下格式进行组织：

编译 Java 程序的命令是________。#java#javadoc#javac#cd#javac

问题 2：如何获取文件中的所有题目？

这里采用面向对象的编程思想，首先将题目单独地抽出一个类来描述，单选题 Choice UML 类图的设计如图 12-8 所示。

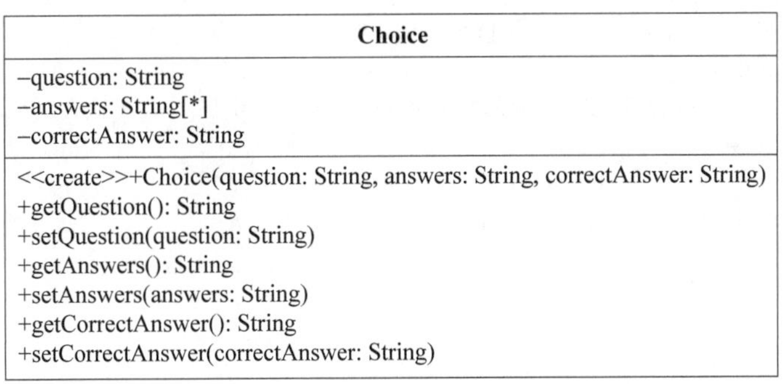

图 12-8　Choice UML 类图的设计

属性 question 存放问题，answers 数组存放 4 个可选答案，correctAnswer 存放正确答案。

接下来就可以构造 ChoiceDao 类，里面封装方法 getAllChoices()，核心代码如下：

```
public class ChoiceDao {
    List<Choice>choices=new ArrayList<Choice>();      //存放所有单选题
        public List<Choice>getAllChoices() {
        //读取文件中的题目
        return choices;
    }
}
```

如何读取文件中的题目呢？

本例中要一次读取一行，然后对其进行拆分，所以下面借助缓冲流 BufferedReader 来实现，核心代码如下：

```
//创建文件字符输入流
Reader reader=new FileReader(new File("choicetest.txt"));
//使用 BufferedReader 装饰 FileReader,使之带缓冲功能
BufferedReader bufferedReader=new BufferedReader(reader);
String choiceString=null;
String[] choice=new String[6];                   //存放拆分后的题目
//使用 while 循环每次读取文件的一行
while ((choiceString=bufferedReader.readLine())!=null) {
    //调用 String 类的 split()方法拆分字符串,将拆分后的结果保存在 choice 数组中
    choice=choiceString.split("#");
    //打乱可选答案的顺序
    //添加单选题到 choices 集合
}
```

如何打乱可选答案的顺序呢？

拆分后，choice[0]存放的是问题，choice[5]存放的是正确答案，我们要打乱的是 choice[1]至 choice[4]，借助 Random 类，随机生成 1～4 的下标，核心代码如下：

```
int[] randomNumber=new int[4];                   //存放随机生成的下标 1、2、3、4
Random random=new Random();
for (int i=0; i<randomNumber.length; i++) {
    //随机生成 1~4 的一个随机数赋给当前值
    randomNumber[i]=random.nextInt(4)+1;
    //如果随机生成的数和之前生成的数有相同的,则重新生成 i--一次,然后再 i++,还是当
    //前的 i
    for (int j=0; j<=i-1; j++) {
        if (randomNumber[i]==randomNumber[j]) {
            i--;
            break;
        }
    }
}
```

问题 3：学生答完题后如何保留学生的学号和答题成绩呢？

采用面向对象的编程思想，将抽出的学生实体类，其 UML 类图如图 12-9 所示。

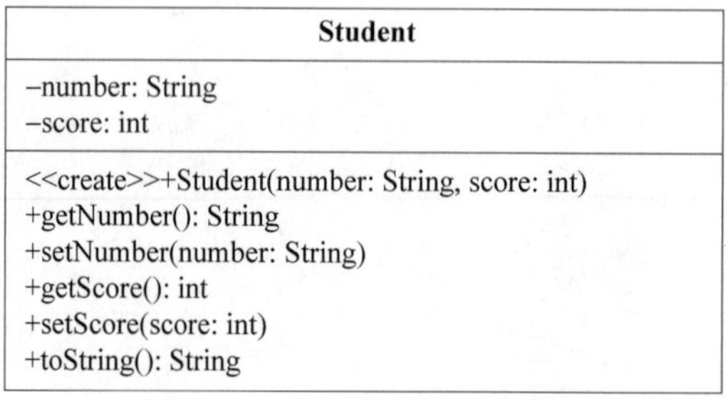

Student
–number: String –score: int
<<create>>+Student(number: String, score: int) +getNumber(): String +setNumber(number: String) +getScore(): int +setScore(score: int) +toString(): String

图 12-9　Student 的 UML 类图

注意：该实体类要实现 Serializable 接口，实现学生对象的持久化保存，借助对象输出流来实现。在本例中抽出了一个通用的对象保存于读取的类 ObjectDao，里面封装了 saveObject()和 readObject()两个方法，StudentDao 继承 ObjectDao，就可以直接使用其定义的方法。

2）根据上面的分析，编写实体类

单选题实体类参考代码如下：

```
/**
 * 单选题实体类
 */
public class Choice {
    private String question;                                    //问题
    private String[] answers;                                   //4个可选答案
    private String correctAnswer;                               //正确答案
    public Choice(String question,String[] answers,String correctAnswer) {
        super();
        this.question=question;
        this.answers=answers;
        this.correctAnswer=correctAnswer;
    }
    public String getQuestion() {
        return question;
    }
    public void setQuestion(String question) {
        this.question=question;
    }
    public String[] getAnswers() {
        return answers;
    }
    public void setAnswers(String[] answers) {
        this.answers=answers;
    }
    public String getCorrectAnswer() {
        return correctAnswer;
    }
    public void setCorrectAnswer(String correctAnswer) {
        this.correctAnswer=correctAnswer;
    }
}
```

学生实体类参考代码如下：

```
import java.io.Serializable;
/**
 * 学生实体类
 */
public class Student implements Serializable{
    private String number;                          //学号
```

```java
    private int score;                                  //得分
    public Student(String number,int score) {
        super();
        this.number=number;
        this.score=score;
    }
    public String getNumber() {
        return number;
    }
    public void setNumber(String number) {
        this.number=number;
    }
    public int getScore() {
        return score;
    }
    public void setScore(int score) {
        this.score=score;
    }
    public String toString() {
        return "Student [number="+number+",score="+score+"]";
    }
}
```

3）根据上面的分析,编写业务逻辑类

ChoiceDao 类主要是完成对单选题的业务操作,实现代码参考如下：

```java
/**
 * 单选题操作类
 */
public class ChoiceDao {
    List<Choice>choices=new ArrayList<Choice>();
    int[] randomNumber=new int[4];              //存放随机生成的下标 1、2、3、4
    public List<Choice>getAllChoices() {
        //存放所有单选题
        try {
            readFromFile();
        } catch (FileNotFoundException e) {
            e.printStackTrace();
        } catch (IOException e) {
            e.printStackTrace();
        }
        return choices;
    }
    private void readFromFile() throws FileNotFoundException,IOException{
        String[] choice=new String[6];          //存放拆分后的题目
        Reader reader=new FileReader(new File("choicetest.txt"));
        BufferedReader bufferedReader=new BufferedReader(reader);
        String choiceString=null;
        while ((choiceString=bufferedReader.readLine())!=null) {
```

```
            //拆分字符串
            choice=choiceString.split("#");
            //随机生成下标 1、2、3、4,打乱顺序
            shuffle();
            //添加单选题
            choices.add(new Choice(choice[0],new String[] {
                choice[randomNumber[0]],choice[randomNumber[1]],
                choice[randomNumber[2]],choice[randomNumber[3]]},
                choice[choice.length-1]));
        }
    }
    //打乱题目顺序
    private void shuffle() {
        int[] randomNumber=new int[4];                    //存放随机生成的下标 1、2、3、4
        Random random=new Random();
        for (int i=0; i<randomNumber.length; i++) {
            //随机生成 1~4 的一个随机数赋给当前值
            randomNumber[i]=random.nextInt(4)+1;
            //如果随机生成的数和之前生成的数有相同的,则重新生成 i--一次,然后再 i++,
            //还是当前的 i
            for (int j=0; j<=i-1; j++) {
                if (randomNumber[i]==randomNumber[j]) {
                    i--;
                    break;
                }
            }
        }
    }
}
```

StudentDao 类主要完成判断学生答题是否正确判分的,参考代码如下:

```
/**
 * 学生操作类
 */
public class StudentDao extends ObjectDao {
    public static void saveStudent(Student student,String fileName) {
        saveObject(student,fileName);
    }
    public static Student readStudent(String fileName) {
        return (Student) readObject(fileName);
    }
    //判断用户回答是否正确
    public static int getScore(Choice choice,String answer) {
        int score=0;
        String correctAnswer=choice.getCorrectAnswer();
        if ("A".equals(answer)) {
            score=judge(choice,0,correctAnswer);
        } else if ("B".equals(answer)) {
```

```
            score=judge(choice,1,correctAnswer);
        } else if ("C".equals(answer)) {
            score=judge(choice,2,correctAnswer);
        } else if ("D".equals(answer)) {
            score=judge(choice,3,correctAnswer);
        }
        return score;
    }
    private static int judge(Choice choice,int i,String correctAnswer) {
        String userAnswer=choice.getAnswers()[i];
        if (correctAnswer.equals(userAnswer)) {
            return 2;
        }
        return 0;
    }
}
```

ObjectDao 类主要是使用对象输入输出流完成对象的保存和读取操作,参考代码如下:

```
/**对象保存和读取通用类**/
public class ObjectDao {
    //保存对象
    public static void saveObject(Object object,String fileName) {
        ObjectOutputStream oos=null;
        try {
            FileOutputStream fos=new FileOutputStream(new File(fileName+".dat"));
            oos=new ObjectOutputStream(fos);
            oos.writeObject(object);
        } catch (FileNotFoundException e) {
            e.printStackTrace();
        } catch (IOException e) {
            e.printStackTrace();
        } finally {
            try {
                oos.close();
            } catch (IOException e) {
                e.printStackTrace();
            }
        }
    }
    //读取对象
    public static Object readObject(String fileName) {
        ObjectInputStream ois=null;
        Object object=null;
        try {
            FileInputStream fis=new FileInputStream(new File(fileName));
            ois=new ObjectInputStream(fis);
            object=ois.readObject();
        } catch (FileNotFoundException e) {
```

```
            e.printStackTrace();
        } catch (IOException e) {
            e.printStackTrace();
        } catch (ClassNotFoundException e) {
            e.printStackTrace();
        } finally {
            try {
                ois.close();
            } catch (IOException e) {
                e.printStackTrace();
            }
        }
        return object;
    }
}
```

4）GUI设计及其事件处理

参考代码如下：

```
public class ChoiceWindow extends JFrame {
    private List<Choice> choicesList=new ArrayList<Choice>();
    private JButton[] tihao=new JButton[10];
    private JComboBox[] choices=new JComboBox[10];
    private ChoiceDao choiceDao=new ChoiceDao();
    private Choice choice=null;;
    int j=0;
    private int score;
    public static void main(String[] args) {
        new ChoiceWindow("选择题");
    }
    public ChoiceWindow(String title) {
        super(title);
        //设置窗口居中显示
        Toolkit tk=Toolkit.getDefaultToolkit();
        Dimension d=tk.getScreenSize();
        setSize(d.width/2,d.height/2);
        setLocation(d.width/4,d.height/4);
        //设置窗口大小不可调整
        setResizable(false);
        //创建10行15列的文本域组件
        final JTextArea choiceArea=new JTextArea(10,15);
        choiceArea.setText("请选择题号,然后在相应题号下面作答。");
        //设置不可编辑
        choiceArea.setEditable(false);
        //添加到JFrame容器的中间区域
        this.add(choiceArea);
        //创建2行1列的中间容器
        JPanel timu=new JPanel();
        timu.setLayout(new GridLayout(2,1));
```

```java
//创建 1 行 10 列的子容器存放题号按钮
JPanel tihaoPanel=new JPanel();
tihaoPanel.setLayout(new GridLayout(1,10));
//创建 1 行 10 列的子容器存放选项下拉列表
JPanel choicePanel=new JPanel();
choicePanel.setLayout(new GridLayout(1,10));
//获取所有的单选题
choicesList=choiceDao.getAllChoices();
for (int i=0; i<tihao.length; i++) {
    //创建 10 个按钮组件并添加到 tihaoPanel
    tihao[i]=new JButton("第"+(i+1)+"题");
    tihaoPanel.add(tihao[i]);
    //注册监听
    tihao[i].addActionListener(new ActionListener() {
        @Override
        public void actionPerformed(ActionEvent e) {
            choiceArea.setText(" ");
            //取得所单击按钮的题号,第 10 题特殊处理
            if (e.getActionCommand().equals("第 10 题")) {
                j=9;
                choice=choicesList.get(9);
            } else {
                //如第 2 题,e.getActionCommand().charAt(1)取出的是字符'2',
                //49 是'1','2'-'1'得出应该取得下标是 1
                j=e.getActionCommand().charAt(1)-49;
                choice=choicesList.get(e.getActionCommand().charAt(1)-49);
            }
            //在 choiceArea 区域追加问题
            choiceArea.append(choice.getQuestion()+"\n");
            //在 choiceArea 区域追加 4 个选项
        choiceArea.append("A."+choice.getAnswers()[0]+"\n");
        choiceArea.append("B."+choice.getAnswers()[1]+"\n");
        choiceArea.append("C."+choice.getAnswers()[2]+"\n");
        choiceArea.append("D."+choice.getAnswers()[3]+"\n");
        }
    });
    //创建下拉列表选项并添加到 choicePanel
    choices[i]=new JComboBox(new String[] { "-","A","B","C","D" });
    choicePanel.add(choices[i]);
}
timu.add(tihaoPanel);
timu.add(choicePanel);
//添加 timu 面板至南部区域
this.add(timu,"South");
//紧凑显示
this.pack();
//设置单击"关闭"按钮时什么都不做
this.setDefaultCloseOperation(JFrame.DO_NOTHING_ON_CLOSE);
setVisible(true);
```

```
    }
    //处理窗口事件
    @Override
    protected void processWindowEvent(WindowEvent e) {
        super.processWindowEvent(e);
        //如果窗口正在关闭
        if (e.getID()==WindowEvent.WINDOW_CLOSING) {
            //弹出确认对话框
            int result=JOptionPane.showConfirmDialog(this,
                    "保存答题结果吗?\n 注意：你必须一次做完所有题目\n 选择是就会覆盖
                     以前所做的结果,选择否不保存任何内容",
                    "保存",JOptionPane.YES_NO_CANCEL_OPTION);
            if (result==JOptionPane.YES_OPTION) {
                String number=JOptionPane.showInputDialog("请输入你的学号");
                //计算成绩
                computeScore();
                Student student=new Student(number,score);
                //保存结果
                StudentDao.saveStudent(student,number);
            JOptionPane.showMessageDialog(this,"成功保存结果","消息",
                        JOptionPane.INFORMATION_MESSAGE);
                System.exit(1);
            } else if (result==JOptionPane.NO_OPTION) {
            JOptionPane.showMessageDialog(this,"结果不保存","消息",
                        JOptionPane.INFORMATION_MESSAGE);
                System.exit(1);
            } else if (result==JOptionPane.CANCEL_OPTION) {
            }
        } else {
            //忽略其他事件,交给 JFrame 处理
            super.processWindowEvent(e);
        }
    }
    //计算得分
    public void computeScore() {
        for (int i=0; i<choices.length; i++) {
            Choice choice=choicesList.get(i);
            //获得下拉列表用户选择的答案
            String answer=(String) choices[i].getSelectedItem();
            score+=StudentDao.getScore(choice,answer);
        }
    }
}
```

4. 任务拓展

本程序实现了单选题的考试判分,大家能不能给这个系统加入填空题呢?

第 13 章　Java 集合框架

13.1　实验目的

(1) 掌握 List 接口的特点及其使用场合。
(2) 掌握 Set 接口的特点及其使用场合。
(3) 理解引用相等性和对象相等性。
(4) 掌握 Map 接口的特点和使用场合。
(5) 理解泛型。

13.2　实验任务

(1) 任务 1：使用 List 模拟图书系统实现歌曲的添加、删除、修改、查询。
(2) 任务 2：使用 Map 模拟电话号码管理程序。

13.3　实验内容

13.3.1　任务 1　使用 List 模拟图书系统实现歌曲的添加、删除、修改、查询

1. 任务目的

(1) 掌握 List 接口的特点及其使用场合。
(2) 掌握 Set 接口的特点及其使用场合，并与 List 接口进行比较。
(3) 理解引用相等性和对象相等性。
(4) 理解泛型。

2. 任务描述

图书馆里有各种各样的图书，儿童书和计算机书琳琅满目，要求设计这样一个系统能够实现添加图书、删除图书、修改图书和查询图书的功能。

3. 实施步骤

(1) 面向对象分析和设计。

先思考如下两个问题。

① 根据问题描述，你能抽象出哪些对象呢？

② 对象映射成的类应该包含哪些属性和方法呢？

(2) 根据分析定义类 Book，该类为抽象类，封装图书所具有的基本属性。

参考代码如下：

```
//抽象的父类 Book
abstract class Book {
```

```
    //书的 ISBN、名称、价格、信息
    private String ISBN;
    private String name;
    private float price;
    private String info;
    public Book(String iSBN,String name,float price,String info) {
        super();
        ISBN=iSBN;
        this.name=name;
        this.price=price;
        this.info=info;
    }
    public String getISBN() {
        return ISBN;
    }
    public String getName() {
        return name;
    }
    public float getPrice() {
        return price;
    }

    public String getInfo() {
        return info;
    }
}
```

(3) 定义 Book 类的子类 ChildBook 和 ComputerBook。

参考代码如下：

```
//儿童书
class ChildBook extends Book{
    public ChildBook(String iSBN,String name,float price,String info) {
        super(iSBN,name,price,info);
    }
    public String toString(){
        return "儿童书 书名: "+this.getName()+"价格"+this.getPrice()+"介绍"+
                this.getInfo();
    }
}
//计算机书
class ComputerBook extends Book{
    public ComputerBook(String iSBN,String name,float price,String info) {
        super(iSBN,name,price,info);
    }
    public String toString(){
        return "计算机书 书名: "+this.getName()+"价格"+this.getPrice()+"介绍"+
                this.getInfo();
    }
}
```

(4) 根据分析定义类 BookDao,即图书操作类,负责对书籍的添加、删除、修改、查询操作。思考如下问题:

① 如何使用 List 保存所有的图书?

② 如何添加一本图书?

③ 如何删除一本图书?

④ 如何修改一本图书?

⑤ 如何查询一本图书?

⑥ 如何输出所有图书?

参考代码如下:

```
public class BookDao {
    private List<Book>allBooks;                    //存放所有图书
        public BookDao() {
            super();
            allBooks=new ArrayList<Book>();
        }
    //查询所有图书
    public List<Book>getAllBooks() {
        return allBooks;
    }
    //添加图书
    public void addBook(Book book){
        this.allBooks.add(book);
    }
    //删除图书
    public void removeBook(Book book){
        this.allBooks.remove(book);
    }
    //查询图书,根据书名查询某本书
    public Book getBookByName(String name){
        Book book=null;
        for(Book tempbook:this.allBooks){
            if(tempbook.getName().equals(name)){
                book=tempbook;
                break;
            }
        }
        return book;
    }
    //模糊查询
    public List<Book>index(String keyword){
        List<Book>list=new ArrayList<Book>();
        for(Book tempbook:this.allBooks){
            if(tempbook.getName().indexOf(keyword)!=-1){
                list.add(tempbook);
            }
        }
```

```
        return list;
    }
    //列出所有图书
    public void showAllBooks() {
        getAllBooks();
        Iterator<Book>iter=allBooks.iterator();
        while (iter.hasNext()) {
            Book b=iter.next();
            System.out.println(b);
        }
    }
}
```

如何修改图书,实现将图书按照书名方式排序的方法。

提示:排序相关的接口 Comparable 或 Comparator。

(5) 定义测试驱动类,模拟添加几本图书、删除图书、修改图书、查询图书的过程。

参考代码如下:

```
public class Task1 {
    public static void main(String[] args) {
        Book b1=new ChildBook("200401","一千零一夜",10.0f,"一些传说故事");
        Book b2=new ChildBook("200402","小鸡吃大灰狼",20.0f,"一件奇怪的事");
        Book b3=new ChildBook("200403","HALIBOTE",25.0f,"魔幻故事");
        Book b4=new ComputerBook("200404","Java",65.0f,"Java 语言");
        Book b5=new ComputerBook("200405","C++",50.0f,"C++语言");
        Book b6=new ComputerBook("200406","Linux",50.0f,"服务器搭建");
        BookDao bookDao=new BookDao();
        bookDao.addBook(b1);
        bookDao.addBook(b2);
        bookDao.addBook(b3);
        bookDao.addBook(b4);
        bookDao.addBook(b5);
        bookDao.addBook(b6);
        //假设将 C++这本书删掉
        Book deletedBook=bookDao.getBookByName("C++");  //先进行查找
        bookDao.removeBook(deletedBook);                //删除查到的这本书
        System.out.println("删除后");
        bookDao.showAllBooks();                         //查询并列出所有图书
    }
}
```

(6) 运行程序,观察结果,如图 13-1 所示。

以上程序若添加同一本书,能否添加成功?如果系统不允许添加同一本书,应该怎么修改程序呢?

(7) 使用 Set 接口来重写程序,并比较 List 接口和 Set 接口的特点及使用场合。

4. 任务拓展

(1) 实现按作者名进行排序。

```
<terminated> Task1 [Java Application] C:\Program Files\Java\jre6\bin\javaw.exe (2014-11-15 上午10:41:58)
儿童书 书名: 一千零一夜价格10.0介绍一些传说故事
儿童书 书名: 小鸡吃大灰狼价格20.0介绍一件奇怪的事
儿童书 书名: HALIBOTE价格25.0介绍魔幻故事
计算机 书名: Java价格65.0介绍Java 语言
计算机 书名: C++价格50.0介绍C++ 语言
计算机 书 书名: Linux价格50.0介绍服务器搭建
删除后
儿童书 书名: 一千零一夜价格10.0介绍一些传说故事
儿童书 书名: 小鸡吃大灰狼价格20.0介绍一件奇怪的事
儿童书 书名: HALIBOTE价格25.0介绍魔幻故事
计算机 书 书名: Java价格65.0介绍Java 语言
计算机 书 书名: Linux价格50.0介绍服务器搭建
```

图 13-1 任务 1 运行结果图

(2) 增加命令行菜单选择。

13.3.2 任务 2 使用 Map 模拟电话号码管理程序

1. 任务目的

(1) 掌握 Map 接口的特点和使用场合。

(2) 进一步理解泛型。

2. 任务描述

开发一款电话号码管理程序,这个程序具有电话号码的添加、删除、修改和查询功能。在添加操作时,如果存在重复名,则显示提示信息,并提示用户输入另外的名;如果输入的姓名不在记录中,则提示用户是否添加这个电话号码记录。

3. 实施步骤

1) 设计文件来保存电话号码信息

在项目文件夹下建立 phonebook.txt 文件,内容如下:

```
zhangsan/13475089008
lisi/15254305055
wangwu/13475089006
```

2) 定义 PhoneBook 类封装添加、删除、修改、查询等方法

考虑这是很典型的键-值对,即 name→phone,选择使用 Map 接口。又因为我们希望按人名排序,所以最终选择 TreeMap 集合来存放读出的数据。在 PhoneBook 类中定义 phones 成员来存放读取到的电话信息,此处仍然用到泛型,代码如下:

```
private Map<String,String>phones=new TreeMap<String,String>();
```

定义方法 readPhoneBooks()读取文件中的所有电话信息,方法如下:

```
private void readPhoneBooks() throws IOException {
    File file=new File("phonebook.txt");
    BufferedReader reader=new BufferedReader(new FileReader(file));
    String line=null;
    while ((line=reader.readLine())!=null) {
        String[] tokens=line.split("/");    //split()方法会用反斜线来拆分电话信息
          phones.put(tokens[0],tokens[1]);  //调用 put()方法存放姓名和电话
```

```
    }
}
```

在 PhoneBook 类里面定义方法 displayAllPhones()，用于显示读取到的所有电话信息，方法如下：

```
public void displayAllphones() {
    //得到键的集合,即姓名集合
    Set<String> keySet=phones.keySet();
    //使用 StringBuffer 来拼接字符串
    StringBuffer stringBuffer=new StringBuffer("你的电话本上有如下记录:\n");
    //遍历 set 集合,根据姓名取得电话
    for(String name:keySet){
        String phone=phones.get(name);
            stringBuffer.append(name+"-->"+phone+"\n");
    }
    JOptionPane.showMessageDialog(null,stringBuffer.toString());
}
```

在 PhoneBook 类里面定义方法 addNewPhone()添加一条电话记录，此方法能检查是不是已经有同名的用户存在了，如果存在提示用户重新输入，方法如下：

```
public void addNewPhone() throws IOException {
    name=JOptionPane.showInputDialog("请输入姓名: ");
    phone=JOptionPane.showInputDialog("请输入电话号码: ");
    //调用处理姓名重复的方法
    processNameDuplicate();
    phones.put(name,phone);
    //更新文件记录,插入一条新记录
    updatePhonebook(name,phone);
    String message="添加新记录成功\n 姓名: "+name+"\n 电话号码: "+phone;
    JOptionPane.showMessageDialog(null,message);
}
```

处理姓名重复的方法 processNameDuplicate()定义如下：

```
private void processNameDuplicate() {
    while (phones.containsKey(name)) {              //循环直到不包含重复的姓名为止
    String message="在电话本上存在同名的记录\n 请使用另外的姓名";
    name=JOptionPane.showInputDialog(message);
    }
}
```

更新文件记录的方法如下：

```
private void updatePhonebook(String name,String phone) throws IOException {
    PrintWriter printWriter=new PrintWriter(new FileWriter(new File(
        "phonebook.txt"),true));                         //此处 true 意味着追加到文件末尾
```

```
        printWriter.println(name+"/"+phone);
        printWriter.close();
    }
```

根据姓名查询电话的 search()方法定义如下：

```
public void search() throws IOException {
    String choice=null;
    name=JOptionPane.showInputDialog("请输入你要查询的姓名");
    if (phones.containsKey(name)) {
        phone=phones.get(name);
        display(name,phone);
    } else {
        String message="这个姓名在你的电话本中不存在\n 你想添加这条记录吗?(y/n)";
        choice=JOptionPane.showInputDialog(message);
        if (choice.matches("[y|Y]")) {
            addNewPhone();
        }
    }
}
```

以上的 display()方法定义如下：

```
private void display(String name,String phone) {
    String message="name:"+name+"\n"+"phone:"+phone;
    JOptionPane.showMessageDialog(null,message);
}
```

电话本程序还应该提供给用户一个选择菜单，让用户选择想要对电话本进行的操作。makeChoice()方法定义如下：

```
public String makeChoice() {
    String choice=null;
    String message="欢迎使用电话本程序…\n"
            +"1 查看所有电话\n"
            +"2 添加电话\n"
            +"3 查询电话\n"+"4 退出\n";
    boolean done=false;
    while (!done) {
        choice=JOptionPane.showInputDialog(message);
        if (choice.matches("[1|2|3|4]"))
            done=true;
        else
            JOptionPane.showMessageDialog(null,"输入错误");
    }
    return choice;
}
```

3）程序运行

观察结果，如图 13-2～图 13-13 所示。

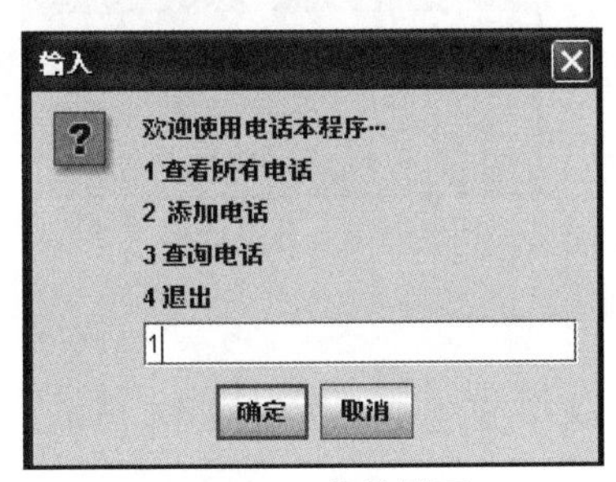

图 13-2　菜单界面

图 13-3　显示所有电话记录

图 13-4　是否继续界面

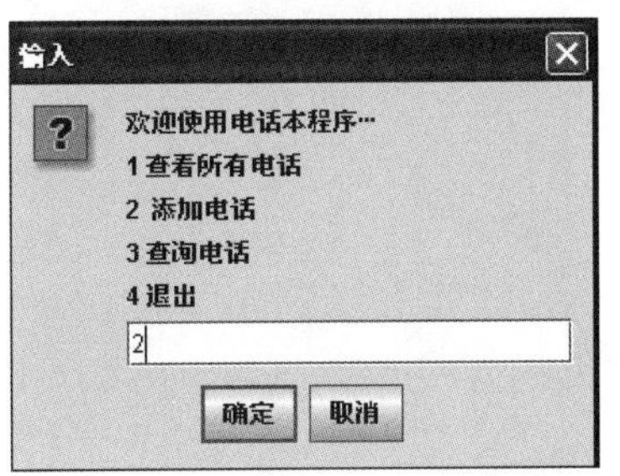

图 13-5　输入 y 后，再次进入菜单界面

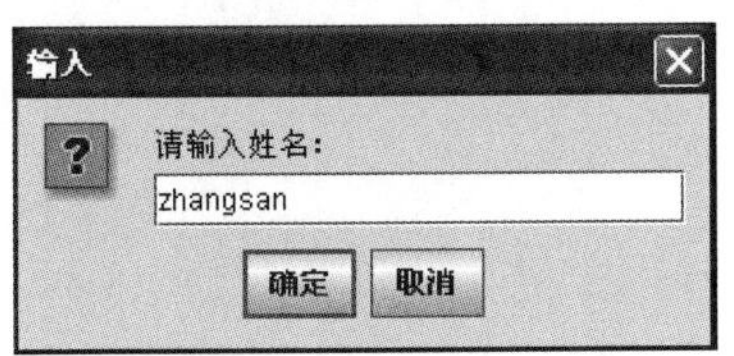

图 13-6　提示输入姓名

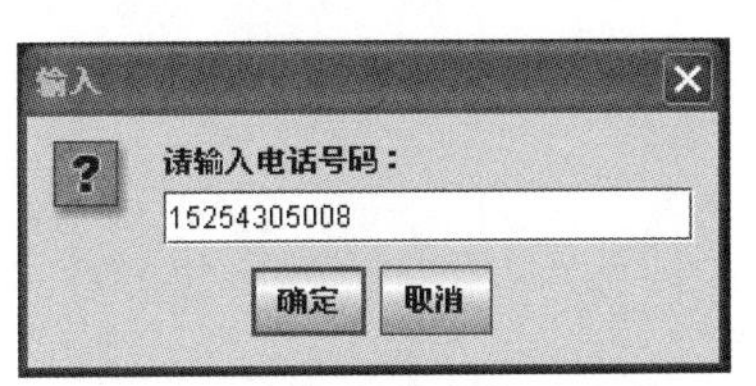

图 13-7　提示输入电话号码

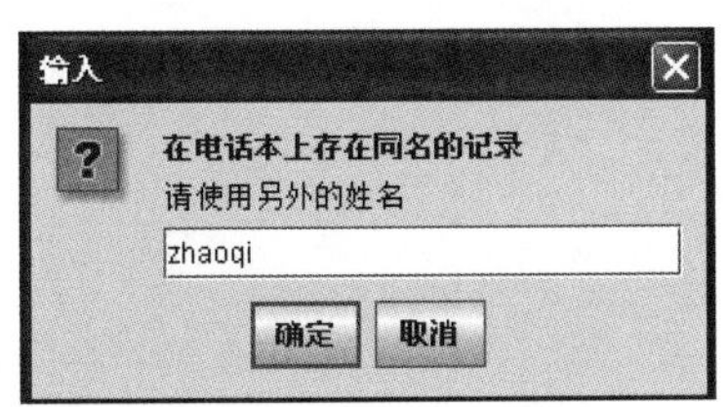

图 13-8　提示输入其他姓名

图 13-9　添加新记录成功

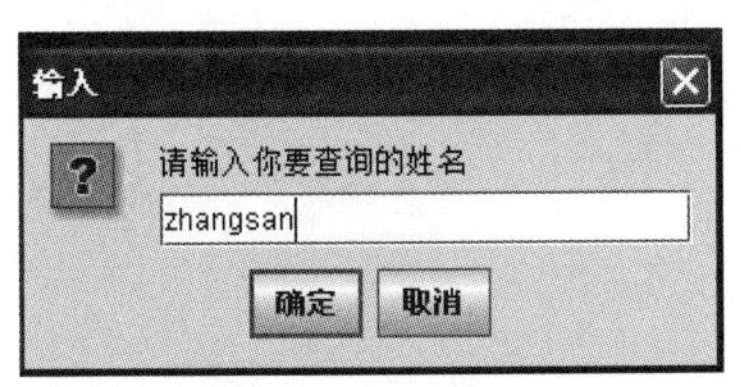

图 13-10　查询

图 13-11　如果存在，显示查询结果

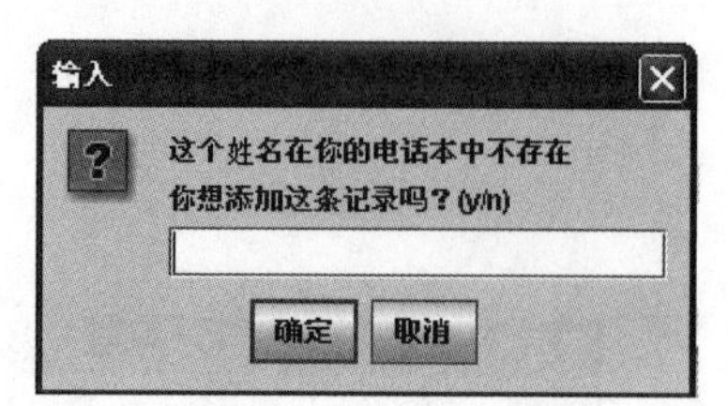

图 13-12 如果不存在，提示是否添加

图 13-13 退出程序界面

4. 任务拓展

改写以上程序，重新进行 GUI 设计，如 4 个菜单选项变成 4 个按钮操作，当单击按钮时进行相应的处理。

第 14 章　Java 网络编程

14.1　实验目的

(1) 掌握 IP 与端口的概念。
(2) 掌握 URL 类及 URLConnection 类、HttpURLConnection 类的用法。
(3) 掌握 InetAddress 类的用法。
(4) 掌握 TCP 与 UDP 的特点和区别。
(5) 掌握 Socket 编程原理及 TCP 通信编程步骤。
(6) 掌握 UDP 编程原理与 UDP 通信编程步骤。

14.2　实验任务

(1) 任务 1：显示 URL 对象的相关属性。
(2) 任务 2：获取本机和远程服务器地址的方法。
(3) 任务 3：检查本机指定范围内的端口是否被占用。
(4) 任务 4：使用 TCP 通信编写聊天软件。
(5) 任务 5：使用 UDP 通信编写聊天程序。

14.3　实验内容

14.3.1　任务 1　显示 URL 对象的相关属性

1. 任务目的

(1) 掌握 URL 对象的实例化方法。
(2) 掌握 URL 对象的异常处理方法。
(3) 掌握获取 URL 对象各个属性的方法。

2. 任务描述

定义一个 URL 对象，在百度网站的首页中使用查询命令执行“天气预报”的查询。显示查询过程中所用到的 URL 实例对象的相关属性。

3. 实施步骤

1) 创建项目

创建本章的练习项目 Lab14。

2) 创建包

在项目 Lab14 中创建包 task1。

3）创建文件并进行编辑

在包 task1 中创建 Java 文件 URLBaidu.java，修改该文件的内容如下：

```
package task1;
import java.io.IOException;
import java.net.MalformedURLException;
import java.net.URL;
public class URLBaidu {
    public static void main(String[] args) {
        try {
            //实例化 URL 对象
            URL url=new URL("http://www.baidu.com/index.htm?sw=天气");
            System.out.println("权限信息："+url.getAuthority());  //获取权限信息
            try {
                //获取 URL 对象内容
                System.out.println("对象内容："+url.getContent());
            } catch (IOException e) {                           //处理 I/O 异常
                e.printStackTrace();
            }
            //获取默认端口号
            System.out.println("默认端口号："+url.getDefaultPort());
            System.out.println("文件名："+url.getFile());         //获取文件名
            System.out.println("主机名："+url.getHost());         //获取主机名
            System.out.println("URL 路径："+url.getPath());       //获取 URL 路径
            System.out.println("端口号："+url.getPort());         //获取端口号
            System.out.println("协议名："+url.getProtocol());     //获取协议名
            System.out.println("查询信息："+url.getQuery());      //获取查询信息
            System.out.println("URL 锚点："+url.getRef());        //获取 URL 锚点
            System.out.println("使用者："+url.getUserInfo());     //获取使用者信息
        } catch (MalformedURLException e) {
            e.printStackTrace();
        }
    }
}
```

4）运行程序

程序的运行效果如图 14-1 所示。

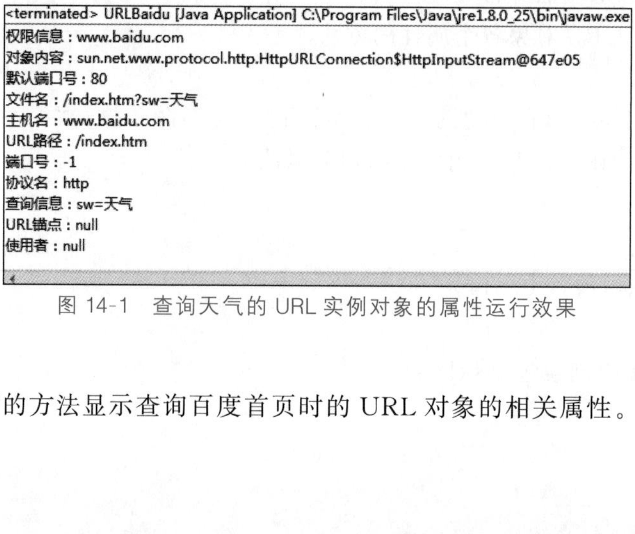

```
<terminated> URLBaidu [Java Application] C:\Program Files\Java\jre1.8.0_25\bin\javaw.exe
权限信息：www.baidu.com
对象内容：sun.net.www.protocol.http.HttpURLConnection$HttpInputStream@647e05
默认端口号：80
文件名：/index.htm?sw=天气
主机名：www.baidu.com
URL路径：/index.htm
端口号：-1
协议名：http
查询信息：sw=天气
URL锚点：null
使用者：null
```

图 14-1 查询天气的 URL 实例对象的属性运行效果

4. 任务拓展

(1) 使用上面的方法显示查询百度首页时的 URL 对象的相关属性。

提示：百度首页的地址为 http://www.baidu.com。

(2) 使用上面的方法显示查询 CSDN 首页时的 URL 对象的相关属性。

提示：CSDN 首页的地址为 http://www.csdn.net。

(3) 使用上面的方法显示查询任意网站的首页时的 URL 对象的相关属性。

提示：将上面程序中的 URL 实例化参数替换为其他要查询的网站的 URL 地址即可。

14.3.2 任务 2 获取本机和远程服务器地址的方法

1. 任务目的

(1) 掌握 InetAddress 对象的实例化方法。

(2) 掌握使用 InetAddress 的 getLocalHost()方法获取本机地址的方法。

(3) 掌握使用 InetAddress 的 getByName()方法获取服务器地址的方法。

(4) 掌握使用 InetAddress 的 getAllByName()方法获取所有的服务器地址的方法。

2. 任务描述

使用 InetAddress 类编写一个程序，实现对本机 IP 地址的读取与显示、获取远程服务器的一个地址并进行显示、获取远程服务器的多个地址并进行显示。

3. 任务分析

按任务描述可知，本任务要解决的问题有 3 个。

(1) 如何获取本机的 IP 地址？

(2) 如何获取远程服务器的地址？

(3) 如何获取远程服务器的多个地址？

要解决上面的 3 个问题，可以使用 InetAddress 类及该类的方法。

4. 实施步骤

1) 创建包

在项目 Lab14 中创建包 task2。

2) 创建文件并进行编辑

在包 task2 中创建 Java 文件 MyInetAddress.java，修改该类文件的内容如下：

```
package task2;
import java.io.IOException;
import java.net.InetAddress;
/**
 * 获取本机和远程服务器地址的方法
 * @author sf
 */
public class MyInetAddress {
    public static void main(String[] args) throws IOException {
        InetAddress addr=InetAddress.getLocalHost();    //获取本机 IP 地址
        System.out.println("local host : "+addr);
        //获取指定服务器的一个主机 IP 地址
        addr=InetAddress.getByName("baidu.com");
        System.out.println("baidu : "+addr);
        //获取指定服务器的所有主机 IP 地址
```

```
        InetAddress[] addrs=InetAddress.getAllByName("baidu.com");
        for(int i=0;i<addrs.length;i++)
            System.out.println("baidu : "+addrs[i]+" number : "+i);
        //获取远程服务器可达性
        System.out.println(InetAddress.getByName("localhost")
            .isReachable(1000));
    }
}
```

3）运行程序

程序的运行效果如图 14-2 所示。

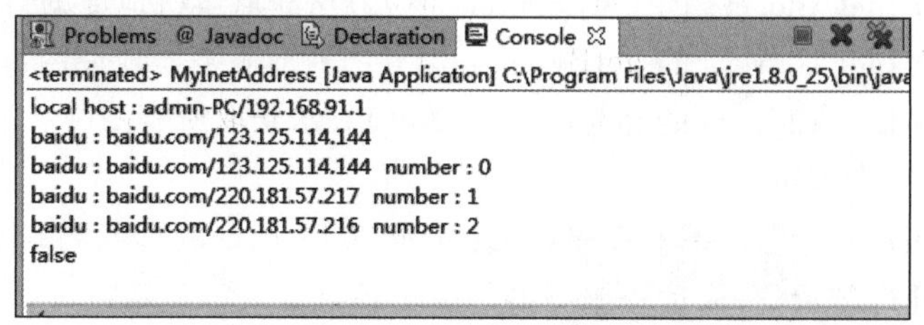

图 14-2　获取本机和远程服务器地址程序的运行效果

5. 任务拓展

（1）把 baidu.com 换成 www.baidu.com，查看运行效果。

（2）把程序中的 baidu.com 修改为 google.com，查看运行效果。

（3）把程序中的 baidu.com 修改为任意网站的域名或 URL 地址，查看运行效果。

14.3.3　任务 3　检查本机指定范围内的端口是否被占用

1. 任务目的

（1）掌握 InetAddress 对象的 getLocalHost()方法获取本机地址的方法。

（2）掌握 Socket 对象的实例化方法。

（3）掌握 InetAddress 对象的异常处理方法。

（4）掌握 Socket 对象的异常处理方法。

2. 任务描述

编写一个程序，检查本机指定端口范围的端口（如 1～256）是否被占用。

3. 实施步骤

1）创建包

在项目 Lab14 中创建包 task3。

2）创建文件并进行编辑

在包 task3 中创建 Java 文件 MyCheckPort.java，修改该类文件的内容如下：

```
package task3;
import java.io.IOException;
import java.net.InetAddress;
import java.net.Socket;
import java.net.UnknownHostException;
```

```
/**
 * 检查某个范围中的端口是否被占用
 * @author sf
 */
public class MyCheckPort {
    public static void main(String[] args) {
        for(int i=1; i<=256; i++){
            try{
                InetAddress local=InetAddress.getLocalHost();
                Socket socket=new Socket(local,i);
                //如果不输出异常,则输出该端口被占用
                System.out.println("本机已经使用了端口: "+i);
            }catch(UnknownHostException ex){
                ex.printStackTrace();
            }catch(IOException ex){
                //因为端口被占用时,会大量地抛出这个异常,可以将这个异常注释
                //ex.printStackTrace();
            }
        }
        System.out.println("检查完毕");
    }
}
```

3）运行程序

运行程序,检查程序的运行效果。

注意:因为要检查的端口范围比较大,创建的对象比较多,因此本程序的运行耗时会较长。

4. 任务拓展

(1) 检查所有的端口(0～65535)是否被占用。

(2) 检查 1～20 范围中的端口是否被占用,并将异常抛出,查看异常信息。

14.3.4 任务 4 使用 TCP 通信编写聊天软件

1. 任务目的

(1) 理解 TCP 通信程序的编写及运行过程。

(2) 掌握 ServerSocket 对象的使用方法。

(3) 掌握 Socket 对象的使用方法。

(4) 掌握使用输入输出流读写 Socket 通信信息的方法。

2. 任务描述

使用 Socket 编程技术,开发一个使用 TCP 进行网络聊天的软件,该软件包含一个服务端程序和一个客户端程序。服务端程序启动后,监听客户端的请求,并为客户端提供服务;客户端程序启动后,输入要聊的内容,即可以完成与服务端聊天。

3. 实施步骤

1）创建包

在项目 Lab14 中创建包 task4。

2）创建服务端程序文件并进行编辑

在包 task4 中创建服务端 Java 文件 MyServer.java，修改该类文件的内容如下：

```
package task4;
import java.io.BufferedReader;
import java.io.InputStreamReader;
import java.io.PrintWriter;
import java.net.ServerSocket;
import java.net.Socket;
import java.util.Scanner;

/**
 * 使用 TCP 与 Socket 编写的聊天软件服务端
 * @author sf
 */
public class MyServer {
    public static void main(String[] args) {
        try{
            ServerSocket server=null;              //服务端 Socket 对象
            try{
                server=new ServerSocket(8888);     //实例化 Server
            System.out.println("服务端已经准备好,若要退出输入 bye");
            }catch(Exception ex){
            System.out.println("不能创建网络监听器,原因是: "+ex.getMessage());
            }
            Socket socket=null;                    //通信对象
            try{
                socket=server.accept();
            }catch(Exception ex){
                System.out.println("服务出错,原因是: "+ex.getMessage());
            }
            Scanner input=new Scanner(System.in); //输入实例
            //由 Socket 对象得到输出流,并构造 PrintWriter 对象
            PrintWriter os=new PrintWriter(socket.getOutputStream());
            //取得 Socket 的输入流
            BufferedReader is=new BufferedReader(new InputStreamReader(socket.
                        getInputStream()));
            String words=input.next();  //输入要说的话
            while(!"bye".equals(words)){
                os.println(words);        //将获取的输入字符串输出到 Server
                os.flush();               //刷新输出流,使服务端马上接收到该字符串
            System.out.println("服务端: "+words);          //输出服务端的字符串
            System.out.println("客户端: "+is.readLine()); //输出服务端的字符串
                words=input.next();                     //接收一个新的客户端字符串
            }
            is.close();                                 //关闭 Socket 的输入流
            os.close();                                 //关闭 Socket 的输出流
            input.close();                              //关闭本地的输入
            socket.close();                             //关闭 Socket
```

```
        }catch(Exception ex){
            ex.printStackTrace();
        }
    }
}
```

3）创建客户端程序文件并进行编辑

在包 task4 中创建客户端 Java 文件 MyClient.java，修改该类文件的内容如下：

```
package task4;
import java.io.BufferedReader;
import java.io.InputStreamReader;
import java.io.PrintWriter;
import java.net.Socket;
import java.util.Scanner;
/**
 * 使用 TCP 与 Socket 编写的聊天软件客户端
 * @author sf
 */
public class MyClient {
    public static void main(String[] args) {
        try{
            Socket socket=new Socket("127.0.0.1",8888);
            Scanner input=new Scanner(System.in);           //输入实例
            System.out.println("输入你想要说的话,如果要退出输入 bye");
            //由 Socket 对象得到输出流,并构造 PrintWriter 对象
            PrintWriter os=new PrintWriter(socket.getOutputStream());
            //取得 Socket 的输入流
            BufferedReader is=new BufferedReader(new InputStreamReader(socket.
                                    getInputStream()));
            String words=input.next();  //输入要说的话
            while(!"bye".equals(words)){
                os.println(words);      //将获取的输入字符串输出到 Server
                os.flush();             //刷新输出流,使服务端马上接收到该字符串
            System.out.println("客户端: "+words);        //输出客户端的字符串
            System.out.println("服务端: "+is.readLine()); //输出服务端的字符串
                words=input.next();                      //接收一个新的客户端字符串
            }
            is.close();                                  //关闭 Socket 的输入流
            os.close();                                  //关闭 Socket 的输出流
            input.close();                               //关闭本地的输入
            socket.close();                              //关闭 Socket
        }catch(Exception ex){
            ex.printStackTrace();
        }
    }
}
```

4）运行程序

该聊天软件的运行步骤：启动服务端程序→启动客户端程序→在客户端程序中输入聊天内容后按 Enter 键→在服务端程序中输入聊天内容后按 Enter 键，在任何一端不聊天时，输入 bye，则会结束该端的程序。图 14-3 和图 14-4 为该软件的一个运行实例。

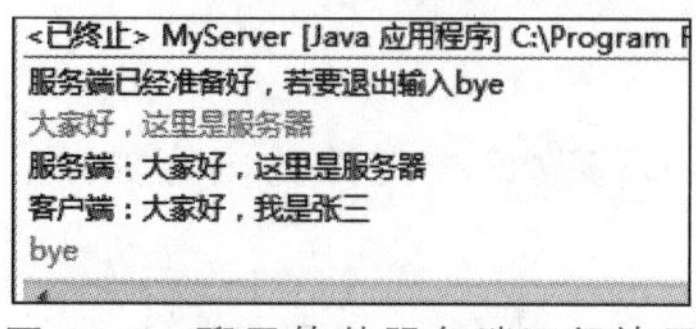

图 14-3　聊天软件服务端运行效果

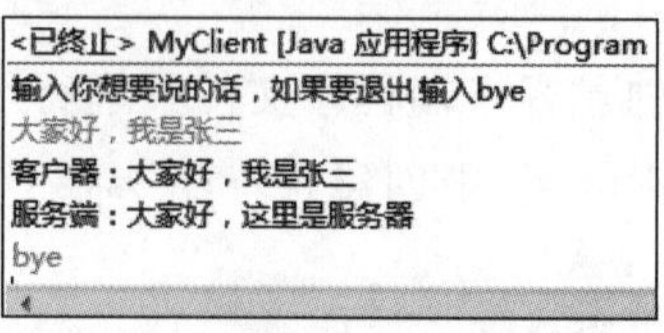

图 14-4　聊天软件客户端运行效果

4. 任务拓展

（1）先启动客户端程序，再启动服务端程序，将会出现什么运行结果？

（2）在该程序的基础上，结合 Swing 界面技术，编写简易的桌面 TCP 聊天程序。

14.3.5　任务 5　使用 UDP 通信编写聊天程序

1. 任务目的

（1）掌握 DatagramSocket 对象的使用方法。

（2）掌握 DatagramPacket 对象的使用方法及数据的发送与接收方法。

（3）掌握 InetAddress 对象的使用方法。

（4）掌握 Socket 的异常处理方法。

（5）掌握 Socket 与 Swing、线程、异常的综合应用方法。

2. 任务描述

使用 UDP Socket 技术和 Swing 界面编程技术，编写如图 14-5 所示的 UDP 聊天程序，该界面继承了 JFrame 窗体类，能处理界面文本框中的回车事件和按钮的单击事件，在发送信息文本框中按 Enter 键或单击“发送”按钮后，可以将发送信息文本框中的文本信息，发送到左侧文本框中所指定的接收地址中。

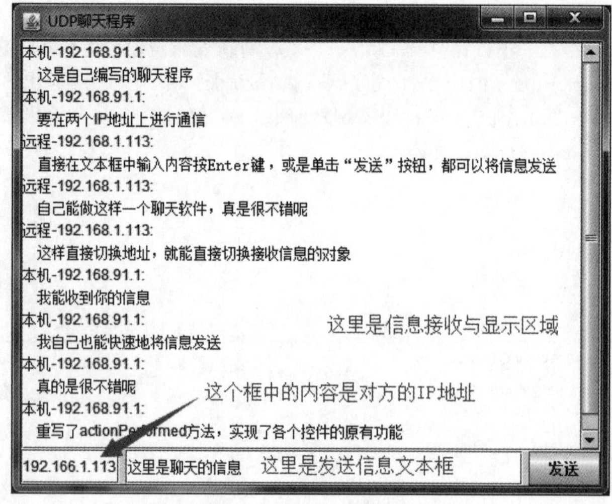

图 14-5　UDP 聊天程序运行界面

3. 任务分析

要实现任务中所指描述的界面功能，就要用到 Swing 编程知识；要使用 UDP 进行通信，就要用到 DatagramSocket 对象的属性和方法；程序中使用 DatagramPacket 来对消息信息进行封装和解析；在解析本机地址和对方地址时要用到 InetAddress 对象；在编写程序时，将对方的地址框属性设置为可以修改，这样就可以在程序运行状态下动态地修改接收地址，从而灵活地改变聊天对象；为了程序使用的方便性，要处理发送信息文本框的按键事件、“发送”按钮的单击事件，可以通过重写 actionPerformed()方法来实现这个功能。

4. 实施步骤

1）创建包

在项目 Lab14 中创建包 task5。

2）创建文件并进行编辑

在包 task5 中创建 Java 文件 UDPChat.java，修改该类文件的内容如下：

```
package task5;
import java.awt.BorderLayout;
import java.awt.event.ActionEvent;
import java.awt.event.ActionListener;
import java.io.IOException;
import java.net.*;
import javax.swing.*;

public class UDPMessage extends JFrame implements ActionListener {
    private static final long serialVersionUID=1L;
    private JTextArea text;                              //信息接收文本域
    private JTextField ipText;                           //IP 地址文本框
    private JTextField sendText;                         //发送信息文本框
    private JButton button;                              //发送按钮
    private DatagramSocket socket;                       //数据报套接字
    private JScrollBar vsBar;                            //滚动条

    /**
     * 默认的构造方法
     */
    public UDPChat() {
        setTitle("UDP 聊天程序");                        //设置窗体的标题
        setBounds(100,100,500,400);                      //窗体定位与大小
        //默认的关闭操作为退出程序
        setDefaultCloseOperation(JFrame.EXIT_ON_CLOSE);
        text=new JTextArea();                            //实体信息接收文本域
        text.setEditable(false);                         //信息接收文本域不可以编辑
        JScrollPane textPanel=new JScrollPane(text);     //信息接收文本域添加滚动面板
        vsBar=textPanel.getVerticalScrollBar(); //获取滚动面板的垂直滚动条
        add(textPanel,BorderLayout.CENTER);              //添加滚动面板到窗口居中的位置
        JPanel panel=new JPanel();                       //创建 Panel 面板
        BorderLayout panelLayout=new BorderLayout();  //创建边界管理器
        panelLayout.setHgap(5);                          //设置布局水平边界
        panel.setLayout(panelLayout);                    //将布局管理器注入 Panel 面板
```

```
        ipText=new JTextField("192.166.1.100");        //实例化 IP 地址文本框
        panel.add(ipText,BorderLayout.WEST);           //添加文本框到 Panel 面板
        sendText=new JTextField();                     //实例化发送信息文本框
        sendText.addActionListener(this);              //添加文本框的事件监听器
        panel.add(sendText,BorderLayout.CENTER);   //添加发送信息文本框到 Panel 面板
        button=new JButton("发送");                    //实例化发送按钮
        panel.add(button,BorderLayout.EAST);           //添加按钮到 Panel 面板
        add(panel,BorderLayout.SOUTH);                 //将 Panel 添加到窗体
        setVisible(true);                              //显示窗体
        server();                                      //调用 server()方法
        button.addActionListener(this);                //添加按钮事件监听器
    }

    /** 服务方法 **/
    private void server(){
        try{
            socket=new DatagramSocket(8888);           //实例化套接字
            byte[] buf=new byte[1024];
            //创建接收数据的数据包
            final DatagramPacket dpl=new DatagramPacket(buf,buf.length);
            Runnable myrun=new Runnable(){             //定义线程
                public void run() {
                    while(true){                       //使用 while 无限循环体
                        try{
                            Thread.sleep(100);         //线程休眠时间为 100ms
                            socket.receive(dpl);       //接收数据包
                            int length=dpl.getLength();
                            //获取数据包的字符串信息
                    String message=new String(dpl.getData(),0,length);
                            //获取 IP 地址
                        String ip=dpl.getAddress().getHostAddress();
            if(!InetAddress.getLocalHost().getHostAddress().equals(ip)){
                            //显示地址→换行→显示信息→换行
                    text.append("远程-"+ip+":\n "+message+"\n");
                            }
                vsBar.setValue(vsBar.getMaximum());        //控制信息滚动
                        }catch(IOException ex){
                            ex.printStackTrace();
                        }catch(InterruptedException ex){
                            ex.printStackTrace();
                        }
                    }
                }
            };
            new Thread(myrun).start();                     //启动上面所定义的线程
        }catch(SocketException ex){
            ex.printStackTrace();
        }
    }
```

```
    /**
     * 重写界面控件的事件处理,直接接收和处理控件事件
     */
    @Override
    public void actionPerformed(ActionEvent arg0) {
        sendMsg();                                      //调用发送信息的方法
    }

    /**
     *执行发送信息的方法
     */
    private void sendMsg(){
        try{
            String ip=ipText.getText();                 //获取 IP 地址文本框的内容
            InetAddress address=InetAddress.getByName(ip);
            byte[] data=sendText.getText().getBytes();  //获取要发送的数据
            DatagramPacket dp=new DatagramPacket(data,data.length,address,8888);
                                                        //定义数据包
            String myip=InetAddress.getLocalHost().getHostAddress();
                                                        //获取本机的 IP 地址
            //将发送信息添加到信息接收文本域中
            text.append("本机-"+myip+":\n "+sendText.getText()+"\n");
            socket.send(dp);                            //发送数据包
            sendText.setText(null);
        }catch(UnknownHostException ex){
            ex.printStackTrace();
        }catch(IOException ex){
            ex.printStackTrace();
        }
    }

    @SuppressWarnings("unused")
    public static void main(String[] args) {
        JFrame frame=new UDPChat();                     //生成窗体并添加窗体实例名
    }
}
```

3）运行程序

在一台计算机上运行一个程序,再在另一台计算机上运行这个程序,然后将两个程序界面"IP 地址文本框"中的地址信息修改为对方的 IP 地址信息,在发送信息文本框中,输入聊天内容,然后按 Enter 键或单击"发送"按钮,都可以进行聊天。

5. 任务拓展

1）解决发送信息文本框中信息为空时的发送问题

本程序中还存在一个问题,即发送信息文本框中不输入内容时,也可以发送信息,如何解决这个问题?

提示：修改 sendMsg()方法如下：

```
private void sendMsg(){
    //判断发送信息文本框中的内容是否为空
    if(!sendText.getText().equals("")){
        try{
            String ip=ipText.getText();        //获取 IP 地址文本框的内容
            …                                  //其他的程序行
    }
}
```

2）解决发送信息文本框中信息为“纯空格”时的发送问题

如果在发送信息文本框中输入纯空格，这时还可以发送信息，但接收信息框中却看不到消息，如何解决这个问题？

提示：修改 sendMsg()方法如下：

```
private void sendMsg(){
    //判断发送信息文本框中的内容是否为空
    if(!(sendText.getText().trim()).equals("")){
        try{
            String ip=ipText.getText();        //获取 IP 地址文本框的内容
            …                                  //其他的程序行
        }
    }
}
```

第15章　多　线　程

15.1　实验目的

(1) 掌握线程创建的两种方式。

(2) 掌握线程控制的基本方法。

(3) 能够灵活运用等待和通知实现类似生产者-消费者问题。

(4) 理解同步引发的死锁问题。

15.2　实验任务

(1) 任务1：使用 Thread 和 Runnable 模拟时钟线程。

(2) 任务2：线程控制的基本方法。

(3) 任务3：生产者-消费者问题。

15.3　实验内容

15.3.1　任务1　使用 Thread 和 Runnable 模拟时钟线程

1. 任务目的

(1) 掌握如何使用 Thread 类创建线程。

(2) 掌握如何使用 Runnable 创建线程。

2. 任务描述

通过 Thread 和 Runnable 两种方式创建时钟线程，实现每隔 1s 打印一次系统当前时间。

3. 实施步骤

1) 通过继承 Thread 类的方式实现时钟线程

step1：定义 ClockThread 类继承 Thread 类。

step2：重写 run()方法。

step3：创建 ClockThread 对象，启动线程。

参考代码如下：

```
import java.util.Date;
class ClockThread extends Thread {
    @Override
    public void run() {
        //线程一直运行
```

```
        while (true) {
            //打印系统时间
            System.out.println(new Date());
            try {
                //线程休眠 1000ms
                Thread.sleep(1000);
            } catch (InterruptedException e) {
                //注：线程休眠期间被中断时抛出此异常
                e.printStackTrace();
            }
        }
    }
}
public class Task1_1 {
    public static void main(String[] args) {
        //创建时钟线程
        ClockThread clock=new ClockThread();
        //启动线程
        clock.start();
    }
}
```

2）运行程序

观察结果,如图 15-1 所示。

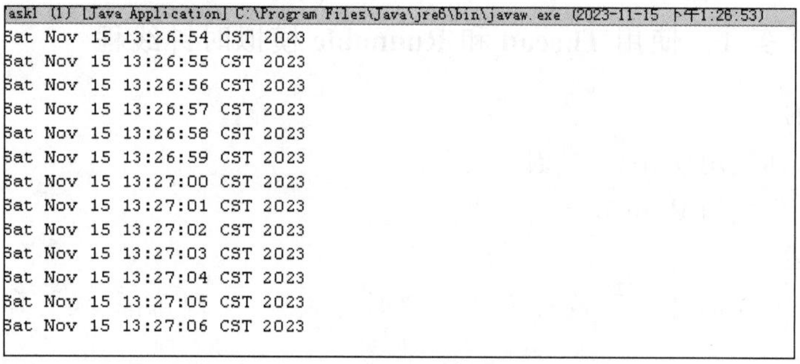

```
ask1 (1) [Java Application] C:\Program Files\Java\jre6\bin\javaw.exe (2023-11-15 下午1:26:53)
Sat Nov 15 13:26:54 CST 2023
Sat Nov 15 13:26:55 CST 2023
Sat Nov 15 13:26:56 CST 2023
Sat Nov 15 13:26:57 CST 2023
Sat Nov 15 13:26:58 CST 2023
Sat Nov 15 13:26:59 CST 2023
Sat Nov 15 13:27:00 CST 2023
Sat Nov 15 13:27:01 CST 2023
Sat Nov 15 13:27:02 CST 2023
Sat Nov 15 13:27:03 CST 2023
Sat Nov 15 13:27:04 CST 2023
Sat Nov 15 13:27:05 CST 2023
Sat Nov 15 13:27:06 CST 2023
```

图 15-1　时钟线程运行效果

3）通过实现 Runnable 接口的方式实现时钟线程

step1：定义 ClockRunnable 类实现 Runnable 接口。

step2：重写 run()方法。

step3：使用接收 Runnable 接口作为参数的构造方法创建 Thread 对象,启动线程。

参考代码如下：

```
import java.util.Date;
class ClockRunnable implements Runnable{
    @Override
    public void run() {
        //线程一直运行
```

```
        while (true) {
            //打印系统时间
            System.out.println(new Date());
            try {
                //线程休眠 1000ms
                Thread.sleep(1000);
            } catch (InterruptedException e) {
                //注：线程休眠期间被中断时抛出此异常
                e.printStackTrace();
            }
        }
    }
}
public class Task1_2 {
    public static void main(String[] args) {
        //创建时钟线程
        Thread clock=new Thread(new ClockRunnable());
        //启动线程
        clock.start();
    }
}
```

4）讨论

为何启动线程调用 start()方法，直接调用 run()方法行吗？二者的区别是什么？

4. 任务拓展

（1）同时创建两个时钟线程，交替轮流执行。

（2）改变默认线程的名称并输出。

15.3.2 任务 2 线程控制的基本方法

1. 任务目的

掌握线程控制的基本方法。

2. 任务描述

通过阅读程序，掌握线程控制的基本方法：线程休眠、线程中断和线程优先级等。

3. 实施步骤

1）线程休眠

阅读如下程序代码：

```
public class Task2_1 {
    public static void main(String[] args) {
        //创建两个线程
        Thread t1=new SleepingThread("线程 1");
        Thread t2=new SleepingThread("线程 2");
        //启动线程
        t1.start();
        t2.start();
        //主线程休眠 1s
```

```
        try {
            System.out.println("主线程休眠 1s……");
            Thread.sleep(1000);
            System.out.println("主线程休眠结束。");
        } catch (InterruptedException e) {
            e.printStackTrace();
        }
    }
}
//演示线程休眠
class SleepingThread extends Thread {
    public SleepingThread(String name) {
        super(name);
    }
    @Override
    public void run() {
        try {
            System.out.println(Thread.currentThread().getName()+" 睡着了……");
            sleep(3000);            //线程休眠
            System.out.println(Thread.currentThread().getName()+" 睡醒了。");
        } catch (InterruptedException e) {
            //注: 休眠过程中被中断时抛出此异常
            e.printStackTrace();
            System.out.println(Thread.currentThread().getName()+" 被中断了。");
        }
    }
}
```

运行程序,观察结果,如图 15-2 所示。

```
<terminated> Task2_1 [Java Application] C:\Program Files\Java\jre6\bin\javaw.exe
线程1 睡着了······
主线程休眠 1s······
线程2 睡着了······
主线程休眠结束。
线程1 睡醒了。
线程2 睡醒了。
```

图 15-2　线程休眠运行效果

分析出现上述结果 CPU 是如何调度各个线程的。

2）线程中断

阅读如下程序代码,分析其完成的功能。

```
import java.util.Scanner;
public class Task2_2 {
    public static void main(String[] args) {
        InputMonitor inputMonitor=new InputMonitor();
        inputMonitor.start();                          //启动监控线程
        Scanner scanner=new Scanner(System.in);
        String choice="";
        if(!choice.equals("stop")){
```

```
                choice=scanner.next();
            }
            inputMonitor.interrupt();               //如果是 stop,中断线程运行
        }
    }
    //监控用户输入的线程
    class InputMonitor extends Thread{
        private int count=1;                        //监控次数
        @Override
        public void run() {
            super.run();
            while(!isInterrupted()){
                System.out.println(getName()+"Monitoring…"+count++);
                try {
                    Thread.sleep(3000);             //休眠 3s
                } catch (InterruptedException e) {
                    break;                          //停止执行
                }
            }
            System.out.println("Monitoring is stopped by user");
        }
    }
```

3）线程优先级

阅读如下程序代码：

```
    public class Task2_3 {
        public static void main(String[] args) {
            //创建线程
            Thread minPriority=new Thread(new Printer(),"最低优先级线程");
            Thread norPriority=new Thread(new Printer(),"正常优先级线程");
            Thread maxPriority=new Thread(new Printer(),"最高优先级线程");
            //设置不同的优先级
            minPriority.setPriority(Thread.MIN_PRIORITY);
            norPriority.setPriority(Thread.NORM_PRIORITY);
            maxPriority.setPriority(Thread.MAX_PRIORITY);
            //执行线程
            minPriority.start();
            norPriority.start();
            maxPriority.start();
        }
    }
    //打印数字
    class Printer implements Runnable {
        @Override
        public void run() {
            for(int i=0; i<10; i++) {
            System.out.println(Thread.currentThread().getName()+" 打印 "+i);
            }
```

```
        System.out.println(Thread.currentThread().getName()+" 运行结束");
    }
}
```

运行程序,运行结果如图 15-3 所示。

```
<terminated> Task2_3 [Java Application] C:\Program Files\Java\jre8\bin
正常优先级线程 打印 0
正常优先级线程 打印 1
正常优先级线程 打印 2
正常优先级线程 打印 3
正常优先级线程 打印 4
正常优先级线程 打印 5
正常优先级线程 打印 6
正常优先级线程 打印 7
正常优先级线程 打印 8
正常优先级线程 打印 9
正常优先级线程 运行结束
最低优先级线程 打印 0
最高优先级线程 打印 0
最高优先级线程 打印 1
最高优先级线程 打印 2
最高优先级线程 打印 3
最高优先级线程 打印 4
最高优先级线程 打印 5
最高优先级线程 打印 6
最高优先级线程 打印 7
最高优先级线程 打印 8
最高优先级线程 打印 9
最高优先级线程 运行结束
最低优先级线程 打印 1
最低优先级线程 打印 2
最低优先级线程 打印 3
最低优先级线程 打印 4
最低优先级线程 打印 5
最低优先级线程 打印 6
最低优先级线程 打印 7
最低优先级线程 打印 8
最低优先级线程 打印 9
最低优先级线程 运行结束
```

图 15-3　线程的优先级运行效果

分析程序的运行结果,注意上述运行结果在不同的机器上可能不同,同时结果也说明最高优先级的并非一定先运行。因此,在实际编程时,不提倡使用线程的优先级来保证算法的正确执行。

4. 任务拓展

(1) 阅读关于线程优先级的代码,理解线程优先级的含义。

(2) 阅读关于守护线程的代码,理解线程守护的含义。

15.3.3　任务 3　生产者-消费者问题

1. 任务目的

(1) 理解等待和通知的含义。

(2) 掌握生产者-消费者这类问题的解决方法。

2. 任务描述

生产者 Producer 和消费者 Consumer 共享一个缓冲区 Buffer。生产者向缓冲区中写入数据,消费者从缓冲区中获取数据并进行求和运算。

3. 实施步骤

(1) 阅读如下程序代码。

先来看 Buffer 类的实现：

```
public class Buffer {
    private int value=-1;        //缓冲区中的数据
    /**
     * 向缓冲区中写入数据。
     * @param value 待写入数据
     */
    public void setValue(int value) {
        //写入数据
System.out.println(Thread.currentThread().getName()+" 写入数据 "+value);
        this.value=value;
    }
    /**
     * 从缓冲区中取出数据。
     *
     * @return 取出的数据
     */
    public int getValue() {
        //取出数据
System.out.println(Thread.currentThread().getName()+" 取出数据 "+value);
        return value;
    }
}
```

再来看 Producer 类和 Consumer 类的实现：

```
public class Producer implements Runnable {
    //生产者写入数据缓冲区
    private final Buffer buffer;
    public Producer(Buffer buffer) {
        this.buffer=buffer;
    }
    @Override
    public void run() {
        //依次向缓冲区中写入 1~10
        for(int i=1; i<=10; i++)
            buffer.setValue(i);
    }
}
public class Consumer implements Runnable {
    //用以取出数据的缓冲区
    private final Buffer buffer;
    private int sum;
    public Consumer(Buffer buffer) {
        this.buffer=buffer;
    }
    @Override
    public void run() {
        sum=0;
```

```
        for(int i=1; i<=10; i++) {
            sum+=buffer.getValue();
            System.out.println(Thread.currentThread().getName()+" sum="+sum);
        }
    }
}
```

最后一起来看一下测试驱动类的实现：

```
public class ProducerCunsumerNoSynNoWait {
    public static void main(String[] args) {
        //建立一个缓冲区
        Buffer buffer=new Buffer();
        //新建生产者和消费者线程,并让二者共享该缓冲区
        Thread producer=new Thread(new Producer(buffer),"生产者");
        Thread consumer=new Thread(new Consumer(buffer),"消费者");
        //启动生产者和消费者线程
        producer.start();
        consumer.start();
        //结果：出现错误
    }
}
```

(2) 运行程序,观察结果,如图 15-4 所示,分析出现问题的原因。

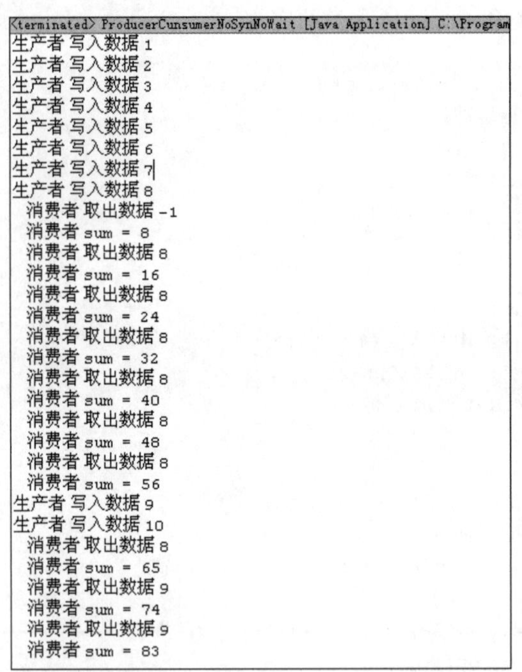

图 15-4　未做任何处理的生产者-消费者问题

(3) 将 Buffer 类中的方法变为同步方法。

参考代码如下：

```
public class Buffer {
    private int value=-1;          //缓冲区中的数据
    /**
     * 向缓冲区中写入数据(同步方法)。
     * @param value 待写入数据
     */
    public synchronized void setValue(int value) {
        //写入数据
        System.out.println(Thread.currentThread().getName()+" 写入数据 "+value);
        this.value=value;
    }
    /**
     * 从缓冲区中取出数据(同步方法)。
     * @return 取出的数据
     */
    public synchronized int getValue() {
        //取出数据
System.out.println(Thread.currentThread().getName()+" 取出数据 "+value);
        return value;
    }
}
```

分析：如果仅仅只是将Buffer类中的方法变为同步方法,程序会不会正常运行?

(4) 加入wait()方法和notify()方法。

参考代码如下：

```
public class Buffer {
    private int value=-1;                        //缓冲区中的数据
    private boolean occupied=false;              //标志缓冲区中是否有数据
    /**
     * 向缓冲区中写入数据。如果缓冲区被占用,则等待缓冲区取出数据通知,收到通知后再试图写入,
     * 写入数据后发出写入数据通知。
     * @param value 待写入数据
     * @throws InterruptedException 线程等待通知时被中断抛出此异常。
     */
    public synchronized void setValue(int value) throws InterruptedException {
        //准备写入数据
        System.out.println(Thread.currentThread().getName()+" 准备写入数据…");
        while(occupied) {
            //当缓冲区被占用时,当前线程暂时释放缓冲区的锁,等待数据取出通知
            System.out.println(Thread.currentThread().getName()+" 等待写入数据");
            wait();
        }
        //收到取出数据通知后,发现缓冲区为空,继续写入数据
        System.out.println(Thread.currentThread().getName()+" 写入数据 "+value);
        this.value=value;
        //设置缓冲区中有数据的标志
        occupied=true;
        //发出写入数据通知,通知等待取出数据的线程
```

```
        notifyAll();
    }
    /**
     * 从缓冲区中取出数据。如果缓冲区已空,则等待写入数据通知,收到通知后再试图取出数据
     * 取出数据后发出缓冲区取出数据通知
     * @return 取出的数据
     * @throws InterruptedException 线程等待通知时被中断抛出此异常
     */
    public synchronized int getValue() throws InterruptedException {
        //准备取出数据
        System.out.println(Thread.currentThread().getName()+" 准备取出数据…");
        while(!occupied) {
            //当缓冲区为空时,当前线程暂时释放缓冲区的锁,等待数据写入通知
            System.out.println(Thread.currentThread().getName()+" 等待取出数据");
            wait();
        }
        //收到写入数据通知后,发现缓冲区中有数据,继续取出数据
        System.out.println(Thread.currentThread().getName()+" 取出数据 "+value);
        //设置缓冲区为空的标志
        occupied=false;
        //发出取出数据通知,通知等待写入数据的线程
        notifyAll();
        //返回取出的数据
        return value;
    }
}
```

(5) 运行程序,观察结果。

(6) 讨论:如果把其中的 while 换成 if 会怎样?观察输出结果并分析。

4. 程序拓展

(1) 继续修改程序,引入多个生产者和消费者,观察程序的运行结果。

(2) 修改课本中的猜数字的例子,使之每次运行都能得出正确的运行结果。

第 16 章　数据库操作

16.1　实验目的

(1) 掌握 JDBC 的工作原理。

(2) 掌握 JDBC 数据库常用数据连接方式。

(3) 掌握 JDBC 中与数据操作相关的类和接口的常用方法。

(4) 掌握灵活使用 SQL 语句实现数据的添加、删除、修改、查询功能。

(5) 掌握预处理对象和存储过程的使用方法。

(6) 掌握使用集合处理数据库查询结果的方法。

16.2　实验任务

任务：电子信息协会会员管理信息系统。

16.3　实验内容

1. 任务目的

(1) 掌握使用纯 JDBC 驱动直接连接 MySQL 数据库的方法。

(2) 掌握 JDBC 中与数据操作相关的类和接口的常用方法。

(3) 掌握使用 SQL 语句实现数据的添加、删除、修改、查询功能。

(4) 掌握预处理对象的使用方法。

(5) 掌握使用集合处理数据库查询结果的方法。

2. 任务描述

某高校的电子信息协会现在还在用纸质介质对该协会的会员信息进行管理，现在在学校的大力支持下，该协会具有了一台自己的服务器，经过全会人员投票决定，要开发一套会员管理信息系统(Academician Management Information System，AMIS)。现阶段该系统只要能简单记录每个会员的基本信息，在需要时能方便地查询每个会员的信息即可。

3. 任务分析与设计

根据任务要求，可知这个系统要对会员 Academician 进行信息管理，要能录入会员信息(添加)，能删除过期的数据(删除)，能修改会员信息(修改)，能查看所有的会员信息(查询)。(注意：在实际的应用实例中，数据非常重要，最好不要删除数据，设置为删除状态即可)

因此设计会员 Academician 的数据结构如表 16-1 所示。

表 16-1　会员 Academician 的数据结构

序号	字段	类型(长度)	键值	可空	说　明
1	id	int(4)	pk	not	计算机编码,自动增长,主键
2	stuName	varchar(20)		not	会员名
3	stuDept	varchar(20)			会员所在系别
4	stuClass	varchar(20)			会员所在班级
5	inDt	datetime			入会时间
6	outDt	datetime			离会时间
7	bLeave	bit(1)			是否在会,0 表示在会,1 表示离会,默认为 0
8	tell	varchar(20)			联系方式

因为 MySQL 数据库比较小巧,对于个人用户来说也完全免费,因此本任务所采用的数据库为 MySQL 5.5,数据库的前端管理工具使用 Navicat 10.0 for MySQL,在 MySQL 中创建 amis 数据库。

4. 实施步骤

1) 创建 amis 数据库

在使用 MySQL 5.5 前要安装 MySQL 5.5(安装版的下载地址为 http://dev.mysql.com/downloads/windows/installer/)和 Navicat 10.0,这个工作大家要提前完成。打开 Navicat 10.0 平台,默认没有任何连接,如图 16-1 所示。

图 16-1　Navicat 10.0 的管理界面

在 Navicat 左侧窗口右击,如图 16-2 所示,在弹出的快捷菜单中选择“新建连接”命令,打开如图 16-3 所示的“新建连接”对话框,填写连接名和密码后,单击“连接测试”按钮,弹出“连接成功”对话框。

单击“确定”按钮后,创建一个与 MySQL 的连接实例 local,双击 local,打开该连接,可以看到该连接下的数据库列表。

在 local 根目录上右击,如图 16-4 所示,在弹出的快捷菜单中选择“新建数据库”命令,打开如图 16-5 所示的“新建数据库”对话框,输入数据库名 amis,选择字符集 utf8 或是 gbk,使数据库能支持中文,设置完成后,单击“确定”按钮,则会添加 amis 数据库。

注意:在创建数据库时,一定要注意选择字符集为支持中文的字符集 utf8 或是 gbk,否则数据库在创建完成后,可能会因未对 MySQL 的默认字符集做过配置而不支持中文。

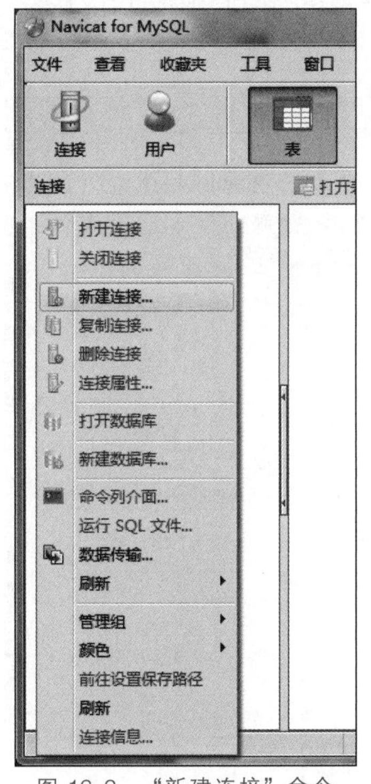

图 16-2 “新建连接”命令

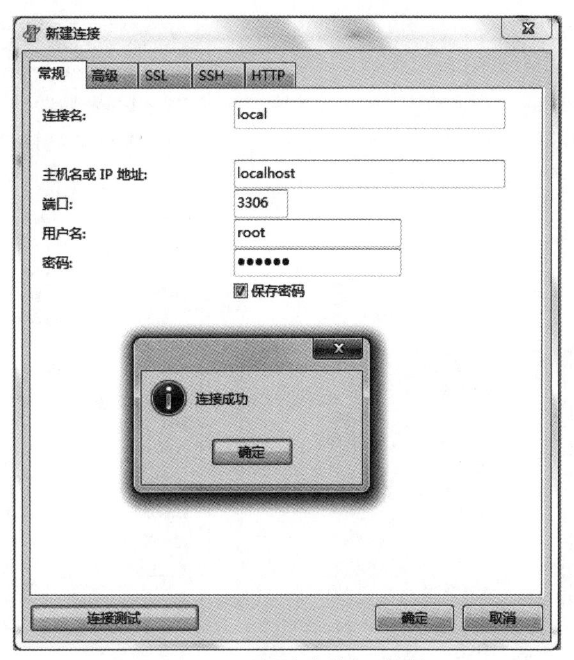

图 16-3 “新建连接”对话框

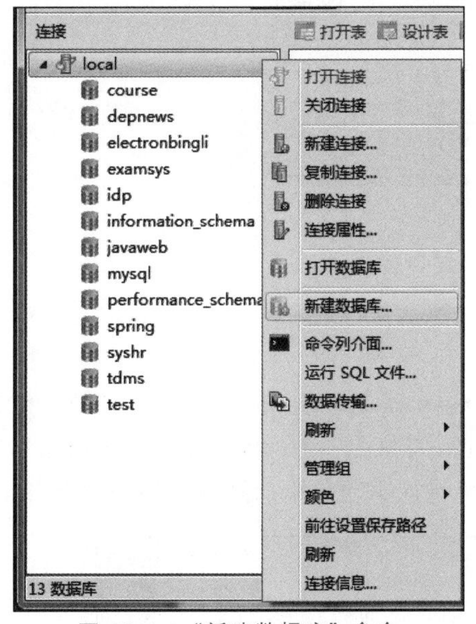

图 16-4 “新建数据库”命令

图 16-5 “新建数据库”对话框

2）创建 Academician 数据表

在上一步创建的完成的数据库 amis 上双击，打开该数据库，在表上右击，如图 16-6 所示，在弹出的快捷菜单中选择“新建表”命令，打开如图 16-7 所示的新建表对话框，按表 16-1 中的字段内容和图 16-7 的格式设置各个字段，设置完成后，单击工具栏上的“保存”按钮，打开保存数据表对话框，在表名中输入 Academician 后，单击“确定”按钮，如图 16-8 所示，完成数据表的创建。

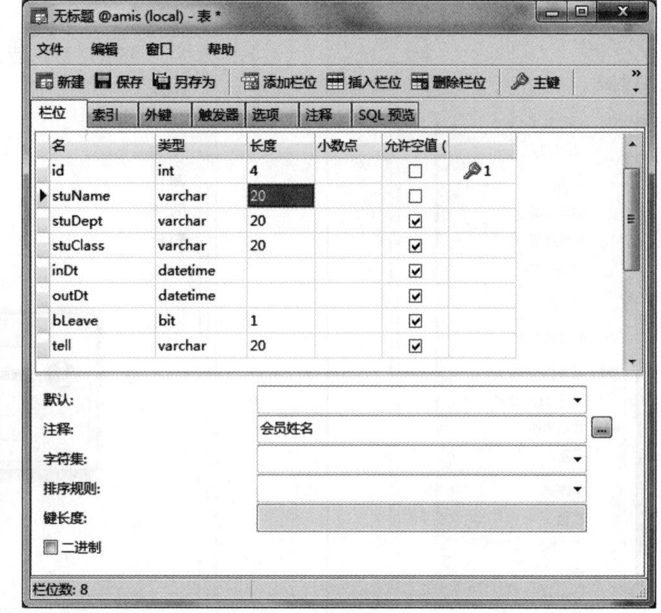

图 16-6 “新建表”命令

图 16-7 “新建表”对话框

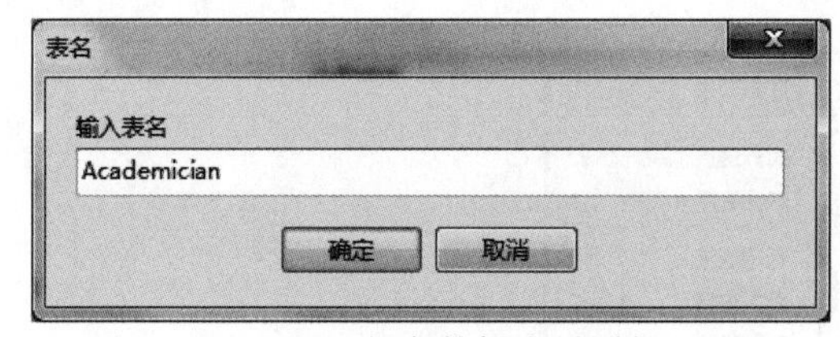

图 16-8 保存数据表对话框

3）创建 Java 项目

在 Eclipse 中创建 Java 项目 Lab16。

4）添加 JDBC 驱动包

本任务用到的 JDBC 驱动包是 mysql-connector-java-5.1.7-bin.jar，将该包“复制”→“粘贴”到 Eclipse 中的 Lab16 项目中，然后在该包上右击，如图 16-9 所示，在弹出的快捷菜单中选择 Build Path→Add to Build Path 命令，Eclipse 会将该驱动包添加到项目的构建路径中。

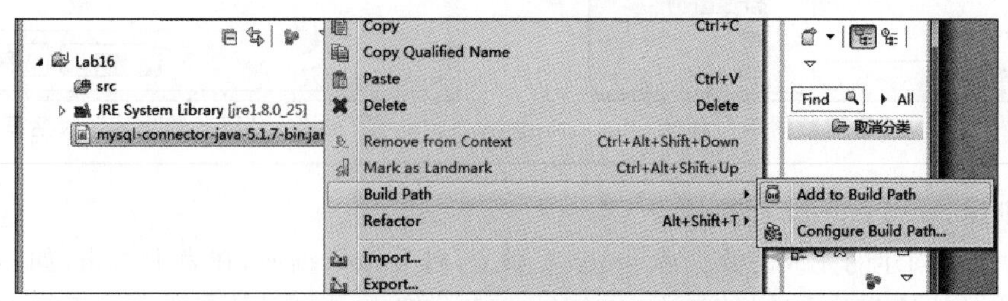

图 16-9 添加驱动包并将其添加到构建路径中

5）创建包

在项目 Lab16 中创建包 task。

6）创建数据库连接操作父类 DBConnection

在包 task 中创建数据文件包 dao，在 dao 包中创建文件 DBConnection.java，负责打开数据库连接与关闭各个数据操作对象，注意处理异常，修改该文件的内容如下：

```
package task;
import java.sql.Connection;
import java.sql.DriverManager;
import java.sql.PreparedStatement;
import java.sql.ResultSet;
import java.sql.Statement;
/**
 * 数据库连接操作父类,负责打开数据连接,关闭数据库操作对象
 * @author sf
 */
public class DBConnection {
    //连接属性定义区
    private final static String CLS="com.mysql.jdbc.Driver";  //驱动包名
    private final static String URL="jdbc:mysql://localhost:3306/amis";  //URL 名称
    private final static String USER="root";                //数据库访问用户名
    private final static String PWD="123456";               //数据库访问密码

    //公共数据库操作对象
    public static Connection conn=null;                     //连接对象
    public static Statement stmt=null;                      //命令集对象
    public static PreparedStatement pStmt=null;             //预编译命令集对象
    public static ResultSet rs=null;                        //结果集对象

    /**
     * 打开连接的方法
     */
    public static void getConnection(){
        try{
            Class.forName(CLS);                             //加载驱动类
            conn=DriverManager.getConnection(URL,USER,PWD);  //打开连接
        }catch(Exception ex){
            ex.printStackTrace();
        }
    }

    /**
     * 关闭所有的数据库操作对象的方法
     */
    public static void closeAll(){
        try{
            if(rs!=null){                                   //关闭结果集
                rs.close();
                rs=null;
```

```
            }
            if(stmt!=null){                         //关闭命令集
                stmt.close();
                stmt=null;
            }
            if(pStmt!=null){                        //关闭预编译命令集
                pStmt.close();
                pStmt=null;
            }
            if(conn!=null){                         //关闭连接
                conn.close();
                conn=null;
            }
        }catch(Exception ex){
            ex.printStackTrace();
        }
    }
}
```

7）创建实体类

在 task 包中创建 entity 包，在 entity 包中创建会员信息实体类文件 Academician.java，参考数据表定义私有属性，使用环境生成 getter 和 setter 方法，修改该类内容如下：

```
package task.entity;
/**
 * 会员信息实体类
 * @author sf
 */
public class Academician {
    private int id;                                 //计算机编码，自动增长
    private String stuName;                         //会员名
    private String stuDept;                         //会员所在系别
    private String stuClass;                        //会员所在班级
    private String inDt;                            //入会时间
    private String outDt;                           //离会时间
    private boolean bLeave;                         //是否在会
    private String tell;                            //联系方式
    public Academician() {                          //无参构造方法
    }
    /**有参构造方法，在生成实例时对数据进行初始化*/
    public Academician(int id,String stuName,String stuDept,
            String stuClass,String inDt,String outDt,boolean bLeave,
            String tell) {
        this.id=id;
        this.stuName=stuName;
        this.stuDept=stuDept;
        this.stuClass=stuClass;
        this.inDt=inDt;
        this.outDt=outDt;
```

```
        this.bLeave=bLeave;
        this.tell=tell;
    }

    public int getId() {
        return id;
    }

    public void setId(int id) {
        this.id=id;
    }

    public String getStuName() {
        return stuName;
    }

    public void setStuName(String stuName) {
        this.stuName=stuName;
    }
    //使用 Eclipse 环境生成 getter 和 setter 方法即可,这里省略其他的 getter 和 setter 方法
}
```

注意:在 Eclipse 中使用属性生成 getter 和 setter 方法的过程如下。在类文件编辑界面中右击,在弹出的快捷菜单中选择 Source→Generate Getters and Setters 命令,如图 16-10 所示。

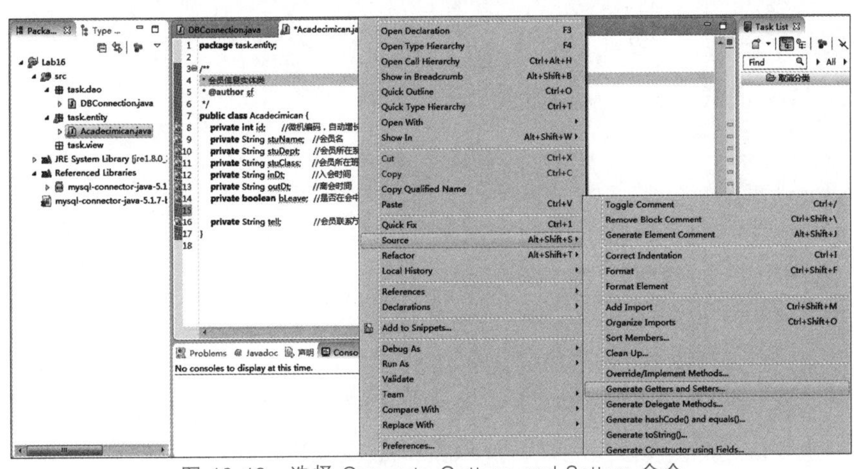

图 16-10 选择 Generate Getters and Setters 命令

选择命令后,打开 Generate Getters and Setters 对话框,如图 16-11 所示。

单击 Sellect All→OK 按钮,即可生成实体类的 getters 和 setters 方法。

8) 创建数据库操作类

在 dao 包中创建类 AcademicianDao,该类继承数据库连接操作类 DBConnection,用于会员的数据库操作。在类文件 AcademicianDao.java 添加 CRUD(插入数据、读取数据、修改数据、删除数据)几个方法,在读取数据时,使用 List 集合框架处理从数据库读取的结果,修改后类文件 AcademicianDao.java 的内容如下:

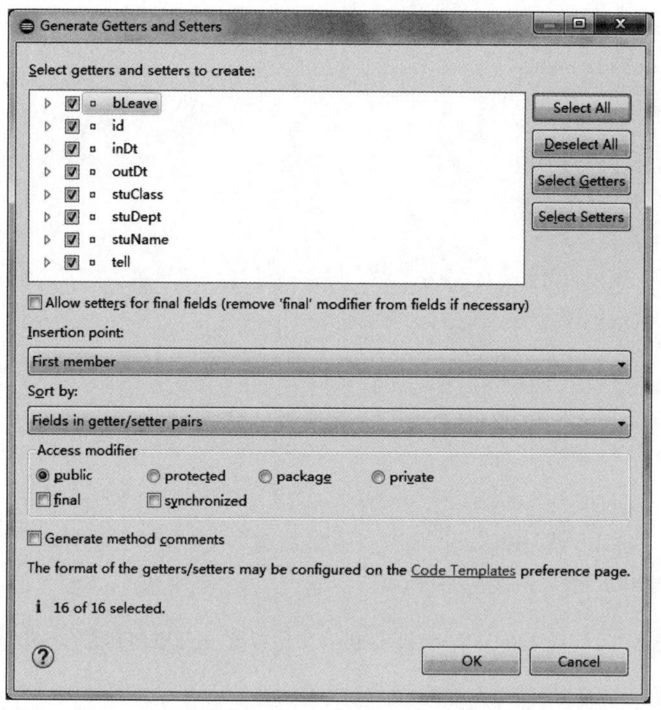

图 16-11　在 Eclipse 中生成 getters 和 setters 方法

```
package task.dao;
import java.util.ArrayList;
import java.util.List;

import task.entity.Academician;

/**
 * 会员数据库操作类
 * @author sf
 */
public class AcademicianDao extends DBConnection {
    /**
     * 使用命令集实现：取得所有会员信息的方法
     * @return
     */
    public List<Academician>getAllAcademicianList(){
        List<Academician>list=new ArrayList<Academician>();
        try{
            getConnection();                               //打开数据库连接
            stmt=conn.createStatement();                   //命令集
            String sql="select * from Academician";        //查询字符串
            rs=stmt.executeQuery(sql);                     //执行命令返回结果集
            while(rs.next()){                              //在循环中对结果集进行处理
                Academician item=new Academician();
                item.setId(rs.getInt("id"));
                item.setStuName(rs.getString("stuName"));
```

```
                item.setStuDept(rs.getString("stuDept"));
                item.setStuClass(rs.getString("stuClass"));
                item.setInDt(rs.getString("inDt"));
                item.setOutDt(rs.getString("outDt"));
                item.setbLeave(rs.getBoolean("bleave"));
                item.setTell(rs.getString("tell"));

                list.add(item);                       //将对象添加到集合中
            }
        }catch(Exception ex){
            ex.printStackTrace();
        }finally{
            closeAll();                               //关闭所有的数据库操作对象
        }
        return list;
    }

    /**
     * 添加会员信息的方法
     * @param item 要添加的会员信息对象
     * @return int 影响的行数
     */
    public int addAcademician(Academician item){
        int iRow=0;
        try{
            getConnection();                          //打开数据库连接
            //查询语句
            String sql="insert into Academician(stuName,stuDept,stuClass,
inDt,outDt,bLeave,tell) values(?,?,?,?,?,?,?)";
            pStmt=conn.prepareStatement(sql);   //预编译命令集
            pStmt.setString(1,item.getStuName());
            pStmt.setString(2,item.getStuDept());
            pStmt.setString(3,item.getStuClass());
            pStmt.setString(4,item.getInDt());
            pStmt.setString(5,item.getOutDt());
            pStmt.setBoolean(6,item.isbLeave());
            pStmt.setString(7,item.getTell());

            iRow=pStmt.executeUpdate();               //更新数据库
        }catch(Exception ex){
            ex.printStackTrace();
        }finally{
            closeAll();                               //关闭所有的数据库操作对象
        }
        return iRow;
    }

    /**
     * 修改会员信息的方法
```

```
 * @param item 要修改的会员信息对象
 * @return int 影响的行数
 */
  public int editAcademician(Academician item){
      int iRow=0;
      try{
          getConnection();                          //打开数据库连接
          String sql="update Academician set stuName=?,stuDept=?,
                      stuClass=?,inDt=?,outDt=?,"+"bLeave=?,
                      tell=? where id=?";           //查询语句
          pStmt=conn.prepareStatement(sql);         //预编译命令集
          pStmt.setString(1,item.getStuName());
          pStmt.setString(2,item.getStuDept());
          pStmt.setString(3,item.getStuClass());
          pStmt.setString(4,item.getInDt());
          pStmt.setString(5,item.getOutDt());
          pStmt.setBoolean(6,item.isbLeave());
          pStmt.setString(7,item.getTell());
          pStmt.setInt(8,item.getId());

          iRow=pStmt.executeUpdate();               //更新数据库
      }catch(Exception ex){
          ex.printStackTrace();
      }finally{
          closeAll();                               //关闭所有的数据库操作对象
      }
      return iRow;
  }

  /**
   * 删除会员信息的方法
   * @param id 要删除的会员信息的 id
   * @return int 影响的行数
   */
  public int delAcademician(int id){
      int iRow=0;
      try{
          getConnection();                          //打开数据库连接
          String sql="delete from Academician where id=?";  //查询语句
          pStmt=conn.prepareStatement(sql);         //预编译命令集
          pStmt.setInt(1,id);                       //向预编译指令集中设置参数
          iRow=pStmt.executeUpdate();               //执行更新并取得影响行数
      }catch(Exception ex){
          ex.printStackTrace();
      }finally{
          closeAll();                               //关闭所有的数据库操作对象
      }
      return iRow;
  }
}
```

9）创建会员管理类进行操作测试

在 task 中创建 view 包，在 view 包中创建会员管理类文件 AMis.java，在界面中实现显示会员信息列表、添加会员、修改会员、删除会员的操作。修改后的会员管理类文件 AMis.java 文件的内容如下：

```
package task.view;
import java.util.List;

import task.dao.AcademicianDao;
import task.entity.Academician;

/**
 * 会员管理系统测试类
 * @author sf
 */
public class AMis {
    public static void main(String[] args) {
        AcademicianDao dao=new AcademicianDao();          //数据库操作实例
        //1.显示所有的会员信息
        System.out.println("会员信息列表如下: ");
        showAcademicianList(dao.getAllAcademicianList());
        //2.添加会员信息
        Academician item=new Academician(0,"王永","信息工程系","2013级2班",
                    "2013-10-1 00:00:00",null,false,"13564563210");
        dao.addAcademician(item);
        item=new Academician(0,"江南","信息工程系","2013级2班","2013-10-2
                        00:00:00",null,false,"13844563210");
        dao.addAcademician(item);
        //2.1 显示添加后所有的会员信息
        System.out.println("添加会员后的会员信息列表如下: ");
        showAcademicianList(dao.getAllAcademicianList());
        //3.修改指定的会员信息
        item.setId(5);                                    //设置 id,用于修改
        item.setOutDt("2014-12-12 00:00:00");
        item.setbLeave(true);
        dao.editAcademician(item);
        //3.1 显示修改后所有的会员信息
        System.out.println("修改会员后的会员信息列表如下: ");
        showAcademicianList(dao.getAllAcademicianList());
        //4.删除指定的会员信息
        dao.delAcademician(5);
        //4.1 显示删除后所有的会员信息
        System.out.println("删除会员后的会员信息列表如下: ");
        showAcademicianList(dao.getAllAcademicianList());
    }

    /**
     * 显示会员信息列表的方法
     */
```

```java
    public static void showAcademicianList(List<Academician> list) {
        System.out.println("id\t 会员名\t 会员所在系别\t 会员所在班级\t 入会时间\t
                            离会时间\t 是否在会\t 联系方式");
        for(Academician item : list) {      //在 foreach 循环中显示

            System.out.println(item.getId() + "\t"+ item.getStuName() + "\t"+ item.
                               getStuDept() + "\t"+ item.getStuClass() +
                               "\t"+ item.getInDt() + "\t"+ item.getOutDt() + "\t"+
                  get_str_from_bLeave(item.isbLeave()) + "\t"+ item.getTell());
        }
    }

    /**
     * 从是否在会状态中取得是否离会的字符串
     * @param bleave 离会状态
     * @return 离会字符串
     */
    public static String get_str_from_bLeave(boolean bleave) {
        String str="在会中";
        if(bleave) {
            str="离会";
        }
        return str;
    }
}
```

10）运行程序

运行 AMis 文件，将会看到如图 16-12 所示的结果。

图 16-12　AMis 程序的运行结果

11）思考

再次运行程序，将会看到什么结果？为什么会出现这样的结果？

5. 任务拓展

(1) 将当前的这个控制台系统更新为可视化 UI。

(2) 现在的这个系统只是完成了会员信息的管理,请为这个系统添加协会信息管理。

(3) 为这个系统添加系/院信息管理功能。

(4) 为这个系统添加班级信息管理功能。

(5) 以完成的系统功能为参考,完成学生学籍信息管理功能。

(6) 以完成的系统功能为参考,完成诸如员工管理信息系统等(MIS)的功能。

本篇综合前面各章节的理论与实践知识，采用 MVC 设计模式进行分析、设计并编程实现了一个 C/S 结构、图形化界面的家庭财务管理系统。

该综合实例介绍了系统中使用的对象、业务需求、系统功能模块、系统数据库的分析方法。

按系统功能模块的划分，分别介绍了用户注册登录模块、个人信息维护模块、用户管理模块、收支信息管理模块、用户密码管理模块、理财信息管理模块、主界面管理模块等的设计与实现方法。

通过该综合实例的练习，读者可以熟练地掌握面向对象的软件分析、面向对象的软件设计，以及使用 Java 开发平台对家庭财务管理系统的各个功能实现方法，还能掌握实际应用软件中的报表、帮助文件的生成方法；认真地完成这个综合实例，能积累丰富的开发经验。该综合实例可以作为“Java 程序设计——课程设计类”设计课题的参考项目，供个人积累开发经验；也可以作为一个小型团队项目，供小型开发团队积累团队开发经验。

第 17 章　家庭财务管理系统

17.1　需求分析

在我们的日常生活中，对收支的管理是每个人和家庭必不可少的任务，也是人们日常理财必不可少的研究对象。可是要对家庭中如此杂乱无章的收支进行管理统计，是一个十分复杂的问题，为了解决这一问题本章设计开发家庭财务管理系统。根据家庭财务管理的日常工作需要，确定系统需要实现 5 个基本功能：用户管理、收支信息管理、理财信息管理、个人信息维护和退出登录。该系统具有强大的可靠性和方便性，满足个人和家庭的要求。在设计中，要开发界面友好、易于操作的家庭财务管理系统软件，管理好家庭财务中的各类信息，使家庭财务管理系统工作规范化、系统化，以提高信息处理的准确性，提高为用户服务的质量。

17.1.1　系统使用对象分析

对家庭财务管理系统进行系统调查和分析，其中主要涉及的使用人员分为以下两类。

1. 管理员

维护整个系统的正常运行，及时更新系统信息，管理用户角色、分配权限，建立新用户信息，删除普通用户信息，进行理财信息管理等，以保证网络通畅和信息可靠完整。

2. 普通用户

利用家庭财务管理系统可以方便维护个人信息、管理收支信息、管理理财信息等基础数据，完成财务的收入和支出管理，退出登录。

17.1.2　系统业务需求分析

家庭财务管理系统利用计算机等先进的信息技术和手段，实现个人和财务信息资料管理，实现财务收支、查询信息等各个环节操作。具体实现业务过程有 5 个。

(1) 家庭成员可以对自己的收支信息和理财信息进行添加、删除、修改或查询等操作，方便家庭成员对自己的财产情况进行管理。其中，收支信息包括收支编号、收支名称、收支类型、交易金额、交易时间、交易用户和备注信息等；理财信息包括理财名称、理财类型、交易金额、交易时间、收益率和备注信息等。

(2) 家庭成员还可以维护自己的个人信息，包括更新个人密码、用户名、联系方式和性别等信息，提高系统的安全性和易用性。

(3) 系统管理员为家庭成员设立普通账户，建立用户个人信息档案，包括用户编号、用户名、密码、联系方式、性别等信息，还根据家庭成员的需求和角色为他们设置相应的用户权限等。此外，管理员也负责维护家庭成员信息，包括删除无效账号、修改用户个人信息等。

(4) 系统管理员可以对各家庭成员录入的收支信息和理财信息进行添加、删除、修改或查询等管理操作，可以对家庭的总收支进行汇总和管理，方便对家庭财产情况进行分析和管控等。

(5) 系统管理员对收支类型和理财类型进行管理，实现收支类型和理财类型的添加、删除、修改或查询等操作，方便家庭成员使用。

17.1.3 系统功能模块分析

家庭财务管理系统应当包含用户管理、收支信息管理、理财信息管理、个人信息维护、系统整合等功能。本系统的功能结构图如图 17-1 所示。用户管理模块负责用户的添加、删除、修改和查询等操作；收支信息管理模块负责收支信息的添加、删除、修改和查询等操作；理财信息管理模块负责理财信息的添加、删除、修改和查询等操作；个人信息维护模块负责用户个人信息修改、密码修改等操作；系统整合模块中主要是收支类型管理、系统主界面的设计等。

面向对象程序设计中，系统设计采用 MVC 模式，本系统采用 C/S 模式的三层结构。系统的代码分别存放在 dao、entity、jframe、service、utils 5 个软件包中，其中，dao 包中的类负责与数据库的交互；entity 包中包含本例中用到的实体类；jframe 包中包含用户注册登录界面、收支信息管理界面、个人信息维护界面等各个操作界面类；service 包中的代码负责系统中具体的业务逻辑；utils 包中包含一些公共的操作类，如数据库连接类、验证码生成类等。

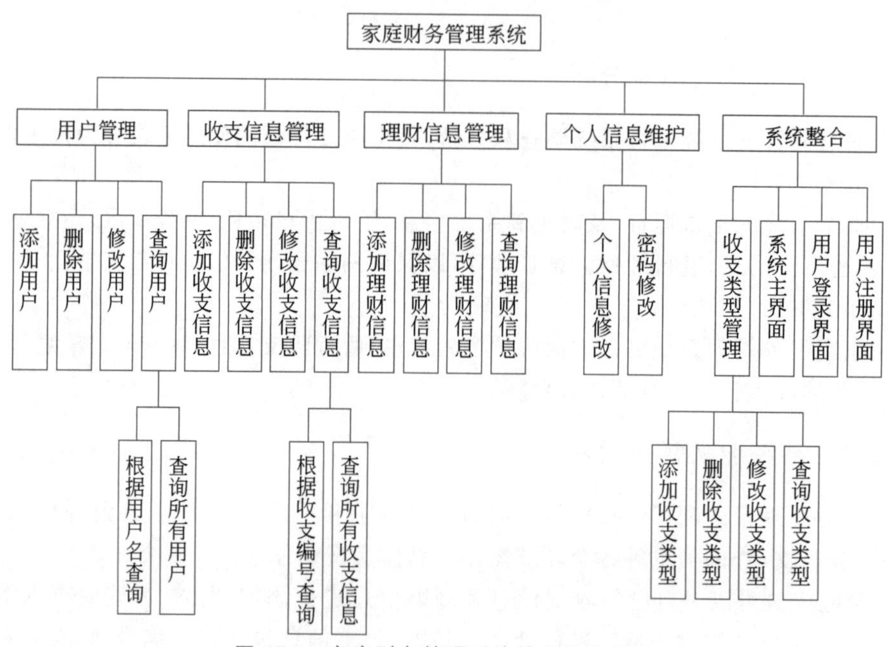

图 17-1 家庭财务管理系统的功能结构图

17.1.4 系统数据库分析

在家庭财务管理系统中需要将相关数据存储在不同的表中，通过不同的操作界面，发送不同的 SQL 语句命令传送到数据库表中，对数据库中对应的表进行操作，实现信息的添加、删除、修改、查询等操作，完成家庭财务管理系统的正常运行。

1. 分析设计数据库概念模型

数据库中概念模型常用 E-R 模型，即实体-联系模型，分析系统中主要涉及实体、实体相关属性及实体间联系。经分析，系统概要 E-R 模型如图 17-2 所示。

图 17-2　系统概要 E-R 模型

系统总体 E-R 模型如图 17-3 所示。

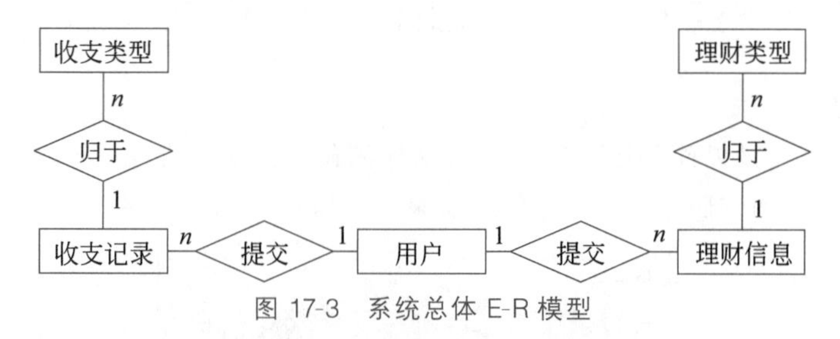

图 17-3　系统总体 E-R 模型

2. 分析设计数据库逻辑模型

数据库逻辑结构设计就是将 E-R 模型转换为关系模式，按照关系模式规范，将 E-R 模型中的各个实体、联系转换成相应的表，也就是关系，对关系进行优化设计，符合关系范式要求。在该系统中设计关系模式如下。

(1) 用户信息表(用户编号，用户名，密码，用户类型，性别，联系方式)。

(2) 收支信息表(收支编号，收支名称，收支类型，交易金额，交易时间，交易用户，备注信息)。

(3) 收支类型信息表(收支类型编号，收支类型名称，备注信息)。

3. 分析数据库物理结构

在数据库逻辑结构的基础上，采用 MySQL 5.5 数据库管理系统，确定数据在物理设备上存储结构和存取方法，实现有效安全的数据管理。

17.2　功能模块实现

前面划分出家庭财务管理系统的各个功能模块，下面将一一进行实现。

17.2.1　用户注册登录模块设计

1. 功能描述与分析

用户使用“用户登录”模块进入家庭财务管理系统，在登录界面中输入用户名和密码，系统通过与数据库建立连接，查询数据库中用户信息表，验证用户输入信息的合法性和有效性。如果通过验证，则提示登录成功，进入主界面；如果未通过验证，则显示登录失败。

2. 涉及的数据库表

在 MySQL 5.5 中创建家庭财务管理数据库 javaffms，建立用户信息表 user，表结构如表 17-1 所示。

表 17-1　用户信息表结构

字段名称	含　义	数据类型	长　度	是否主键
id	用户 id	int	11	是
username	用户名	varchar	20	
password	密码	varchar	20	

续表

字段名称	含义	数据类型	长度	是否主键
role	角色	varchar	20	
sex	性别	varchar	5	
phone	联系方式	varchar	11	

3. 界面设计分析

设计用户注册登录界面如图 17-4 所示,该界面包括注册和登录界面。在选择登录模块时,需要输入用户名和密码信息,系统会根据输入的信息给出相应的提示。

图 17-4　用户注册登录界面

当用户名或密码为空时,提示用户相应信息如图 17-5 所示;当用户名和密码输入有误时,弹出提示框,如图 17-6 所示。

图 17-5　输入信息为空时的提示信息

图 17-6　输入信息有误时的提示信息

当单击用户注册登录界面的"注册"按钮时,会跳转至用户注册界面,如图 17-7 所示。其中用户名、密码、联系方式和验证码是必选项,如果用户名、密码或联系方式没有输入则会分别显示用户名不能为空,密码不能为空,联系方式不能为空。此外,密码需为 6～16 位数字和字母的组合,否则会弹出提示信息如图 17-8 所示。当输入了符合要求的用户名、密码、联系方式时,若未输入验证码直接单击"注册"按钮会弹出提示信息如图 17-9 所示,若输入验证码不正确则会弹出提示信息如图 17-10 所示。填写好正确的验证码后单击"注册"按钮,则会弹出如图 17-11 所示的"注册

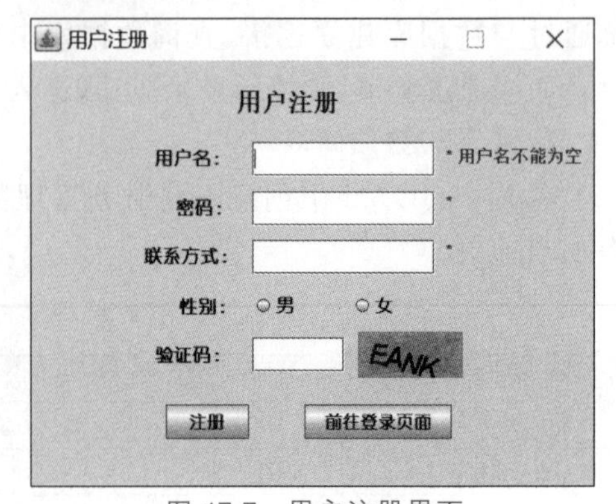

图 17-7　用户注册界面

成功”提示信息,并跳转至登录界面。

图 17-8　注册密码有误的提示信息

图 17-9　未输入验证码的提示信息

图 17-10　输入验证码有误的提示信息

图 17-11　注册成功提示信息

4. 分析设计相关类

在用户注册和用户登录界面操作中涉及的主要类及类间关系用 UML 图描述如图 17-12 所示。

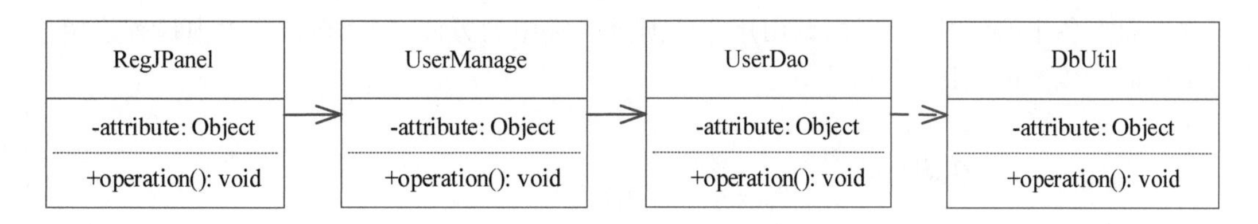

(a) 用户注册相关类 UML图

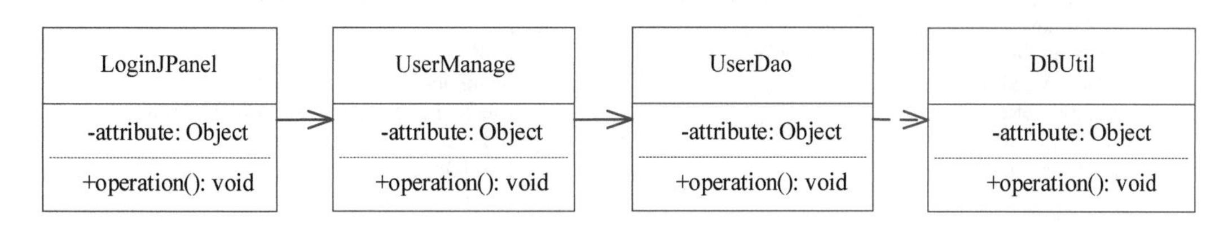

(b) 用户登录相关类 UML图

图 17-12　用户注册登录相关类 UML 图

1）数据库连接类

与数据库建立连接,打开数据库连接,关闭数据库连接,实现按条件查询。该类图如图 17-13 所示。

DbUtil
-dbDriver: String -dbUrl: String -dbUserName: String -dbPassword: String
+getConnection: Connection +closeCon(): void +closeSm(): void +closeRs(): void

图 17-13　“数据库连接类”类图

2）用户数据库操作类

用户数据库操作类实现在数据库中用户信息表获取指定“用户名”和“密码”的用户数据。该类图如图 17-14 所示。

3）用户管理业务类

用户管理业务类实现用户管理业务的处理,包括用户名密码的校验、对从数据库获取到的数据的封装、数据的合法性校验、业务的异常处理等。该类图如图 17-15 所示。

UserDao
+addUser(Connection, User): int +delUser(Connection, String): int +update(Connection, User): int +getUsersByName(Connection, String): ResultSet +getUsersById(Connection, String):ResultSet +getUserIdByName(Connection, String):ResultSet +login(Connection, String, String):User +updatePass(Connection, String, String):int

图 17-14 “用户数据库操作类”类图

UserManage
-userDao: UserDao -jop: JOptionPan
+addUser(User):void +deleteUser(String):void +updateUser(User):void +getUsersById(String):List +getUsersByName(String):List +isExist(String):boolean +getTypes():String[] +getUserNamesById(String):String[] +getUserNameIdMapById(String):HashMap +getUserIdByName(String):int +check(String, String):boolean +updatePass(String,String):void

图 17-15 “用户管理业务类”类图

4）用户注册登录界面类

设计用户注册登录界面类，利用各种组件和不同布局方式，设计用户注册登录界面，并实现界面上各个按钮控件事件，调用用户注册登录类中的方法，实现在数据库中检查该用户的合法性。该类图如图 17-16 所示。

RegJPanel
-jf: JFrame -mainPanel: JPanel -jtfName, jpfPass, jtfPhone, jtfVCode: JTextField -jrbWoman, jrbMan: JRadioButton -usernameMes, passwordMes, phoneMes: JLabel -vCode: ValidCode -jbLogin, jbReg: JButton -jop: JOptionPane -um: UserManage
+RegJPanel() +RegCheck(): void +actionPerformed(ActionEvent): void +focusGained(FocusEvent): void +focusLost(FocusEvent): void

(a)“用户注册界面类”类图

LoginJPanel
-jf: JFrame -mainPanel: JPanel -userNameText, passwordText: JTextField -jbSubmit, jbReg: JButton -jop: JOptionPane -um: UserManage
+LoginJPanel() +actionPerformed(ActionEvent): void +regUser(): void +checkLogin(): void

(b)“用户登录界面类”类图

图 17-16 “用户注册界面类”与“用户登录界面类”类图

5. 相关类主要代码

该模块设计涉及类的主要代码如下，详见附带代码（可从清华大学出版社网站下载）。

数据库连接类 DbUtil：

```
public class DbUtil {
    private static String dbDriver = "com.mysql.jdbc.Driver";
    private static String dbUrl = "jdbc:mysql://localhost:3306/javaffms?
characterEncoding= utf-8";
    private static String dbUserName = "root";
```

```
    private static String dbPassword = "root";
    public static Connection getConnection(){
        Connection con=null;
        try {
            Class.forName(dbDriver);
        } catch (ClassNotFoundException e) {
            e.printStackTrace();
        }
        try{
            con=(Connection)DriverManager.getConnection(dbUrl,dbUserName,
dbPassword);
        } catch (SQLException e){
            e.printStackTrace();
        }
        return con;
    }
    public static void closeCon(Connection con) {
        if(con!=null){
            try {
                con.close();
            } catch (SQLException e) {
                e.printStackTrace();
            }
        }
    }
    public static void closeSm(Statement sm) {
        if(sm!=null){
            try {
                sm.close();
            } catch (SQLException e) {
                e.printStackTrace();
            }
        }
    }
    public static void closeRs(ResultSet rs) {
        if(rs!=null){
            try {
                rs.close();
            } catch (SQLException e) {
                e.printStackTrace();
            }
        }
    }
}
```

用户数据库操作类 UserDao：

```
public class UserDao {
    public int addUser(Connection con, User user) throws Exception {
        //查询注册用户名是否存在
        String sql = "select * from user where username=?";
        PreparedStatement pstmt = con.prepareStatement(sql);
```

```
        pstmt.setString(1, user.getUserName());
        ResultSet rs = pstmt.executeQuery();
        if (rs.next()) {
            return 2;
        }
        sql = "insert into user (username,password,role,sex,phone) values
(?,?,?,?,?)";
        PreparedStatement pstmt2 = con.prepareStatement(sql);
        pstmt2.setString(1, user.getUserName());
        pstmt2.setString(2, user.getPassword());
        pstmt2.setString(3, user.getType());
        pstmt2.setString(4, user.getSex());
        pstmt2.setString(5, user.getPhone());
        return pstmt2.executeUpdate();
    }
    public int update(Connection con, User user) throws Exception {
        String sql = "update user set username=?,password=?,sex=?,phone=?,
role=? where id=?";
        PreparedStatement pstmt = con.prepareStatement(sql);
        pstmt.setString(1, user.getUserName());
        pstmt.setString(2, user.getPassword());
        pstmt.setString(3, user.getSex());
        pstmt.setString(4, user.getPhone());
        pstmt.setString(5, user.getType());
        pstmt.setInt(6, user.getUserId());
        return pstmt.executeUpdate();
    }
    public int delUser(Connection con, String name) throws Exception {
        String sql = "delete from user where username=?";
        PreparedStatement pstmt = con.prepareStatement(sql);
        pstmt.setString(1, name);
        return pstmt.executeUpdate();
    }
    public ResultSet getUsersByName(Connection con, String name) throws
Exception {
        String sql;
        PreparedStatement pstmt;
        if (name == null || "".equals(name)) {
            sql = "select * from user";
            pstmt = con.prepareStatement(sql);
        } else {
            sql = "select * from user where username=?";
            pstmt = con.prepareStatement(sql);
            pstmt.setString(1, name);
        }
        return pstmt.executeQuery();
    }
    public ResultSet getUsersById(Connection con, tring id) throws Exception {
        String sql;
        PreparedStatement pstmt;
        if (id == null || "".equals(id)) {
            sql = "select * from user";
            pstmt = con.prepareStatement(sql);
```

```
        } else {
            sql = "select * from user where id=? ";
            pstmt = con.prepareStatement(sql);
            pstmt.setString(1, id);
        }
        return pstmt.executeQuery();
    }
    public ResultSet getUserIdByName(Connection con, String name) throws
Exception {
        String sql = "select * from user where username=? ";
        PreparedStatement pstmt = con.prepareStatement(sql);
        pstmt.setString(1, name);
        return pstmt.executeQuery();
    }
    public ResultSet login (Connection con, String name, String pass) throws
Exception {
        String sql = "select * from user where username=? and password=? ";
        PreparedStatement pstmt = con.prepareStatement(sql);
        pstmt.setString(1, name);
        pstmt.setString(2, pass);
        return pstmt.executeQuery();
    }
    public int updatePass(Connection con, String name, String pass) throws
Exception {
        String sql = "update user set password=? where username = ? ";
        PreparedStatement pstmt = con.prepareStatement(sql);
        pstmt.setString(1, pass);
        pstmt.setString(2, name);
        return pstmt.executeUpdate();
    }
}
```

用户管理业务类 UserManage：

```
public class UserManage {
    JOptionPane jop = new JOptionPane();
    UserDao userDao = new UserDao();
    Connection con = DbUtil.getConnection();
    //添加用户
    public void addUser(User user) {
        int row = 0;
        try {
            row = userDao.addUser(con, user);
        } catch (Exception e) {
            e.printStackTrace();
        } finally {
            try {
                con.close();
            } catch (Exception e) {
                e.printStackTrace();
            }
```

```
    }
    if (row > 0) {
        JOptionPane.showMessageDialog(jop, "添加成功!");
    } else {
        JOptionPane.showMessageDialog(jop, "添加失败!");
    }
}
//删除用户
public void deleteUser(String name) {
    int row = 0;
    try {
        row = userDao.delUser(con, name);
    } catch (Exception e) {
        e.printStackTrace();
    } finally {
        try {
            con.close();
        } catch (Exception e) {
            e.printStackTrace();
        }
    }
    if (row > 0) {
        JOptionPane.showMessageDialog(jop, "删除成功!");
    } else {
        JOptionPane.showMessageDialog(jop, "删除失败!");
    }
}
//修改用户
public void updateUser(User user) {
    int row = 0;
    try {
        row = userDao.update(con, user);
    } catch (Exception e) {
        e.printStackTrace();
    } finally {
        try {
            con.close();
        } catch (Exception e) {
            e.printStackTrace();
        }
    }
    if (row > 0) {
        JOptionPane.showMessageDialog(jop, "修改成功!");
    } else {
        JOptionPane.showMessageDialog(jop, "修改失败!");
    }
}
//根据传过来的id返回查询结果
public List getUsersById(String id) {
    List list = new ArrayList();
```

```
        User user;
        try {
            ResultSet rs = userDao.getUsersById(con, id);
            while (rs.next()) {
                user = new User();
                user.setUserId(rs.getInt("id"));
                user.setUserName(rs.getString("username"));
                user.setPassword(rs.getString("password"));
                user.setType(rs.getString("role"));
                user.setSex(rs.getString("sex"));
                user.setPhone(rs.getString("phone"));
                list.add(user);
            }
        } catch (Exception e) {
            e.printStackTrace();
        } finally {
            try {
                con.close();
            } catch (Exception e) {
                e.printStackTrace();
            }
        }
        return list;
    }
    //根据传过来的 name 返回查询结果
    public List getUsersByName(String name) {
        List list = new ArrayList();
        User user;
        try {
            ResultSet rs = userDao.getUsersByName(con, name);
            while (rs.next()) {
                user = new User();
                user.setUserId(rs.getInt("id"));
                user.setUserName(rs.getString("username"));
                user.setPassword(rs.getString("password"));
                user.setType(rs.getString("role"));
                user.setSex(rs.getString("sex"));
                user.setPhone(rs.getString("phone"));
                list.add(user);
            }
        } catch (Exception e) {
            e.printStackTrace();
        } finally {
            try {
                con.close();
            } catch (Exception e) {
                e.printStackTrace();
            }
        }
        return list;
```

```
    }
    //添加用户
    public int regUser(User user) {
        int row = 0;
        try {
            row = userDao.addUser(con, user);
        } catch (Exception e) {
            e.printStackTrace();
        } finally {
            try {
                con.close();
            } catch (Exception e) {
                e.printStackTrace();
            }
        }
        return row;
    }
    //判断是否存在某个用户
    public boolean isExist(String name) {
        try {
            ResultSet rs = userDao.getUsersByName(con, name);
            if (rs.next()) {
                return true;
            }
        } catch (Exception e) {
            e.printStackTrace();
        } finally {
            try {
                con.close();
            } catch (Exception e) {
                e.printStackTrace();
            }
        }
        return false;
    }
    public User login(String name, String pass) {
        User resultUser = null;
        try {
            ResultSet rs = userDao.login(con, name, pass);
            if (rs.next()) {
                resultUser = new User();
                resultUser.setUserId(rs.getInt("id"));
                resultUser.setUserName(rs.getString("username"));
                resultUser.setPassword(rs.getString("password"));
                resultUser.setType(rs.getString("role"));
                resultUser.setSex(rs.getString("sex"));
                resultUser.setPhone(rs.getString("phone"));
            }
        } catch (Exception e) {
            e.printStackTrace();
```

```
        } finally {
            try {
                con.close();
            } catch (Exception e) {
                e.printStackTrace();
            }
        }
        return resultUser;
    }
    //查询用户类型
    public String[] getTypes() {
        String[] items = {"普通用户", "管理员"};
        return items;
    }
    //获取所有的用户名
    public String[] getUserNamesById(String id) {
        List users = getUsersById(id);
        String[] names = new String[users.size()];
        for (int i = 0; i < users.size(); i++) {
            names[i] = ((User) users.get(i)).getUserName();
        }
        return names;
    }
    //获取所有的用户名 id 映射表
    public HashMap getUserNameIdMapById(String id) {
        HashMap map = new HashMap();
        List users = getUsersById(id);
        for (int i = 0; i < users.size(); i++) {
            String uId = String.valueOf(((User) users.get(i)).getUserId());
            String uName = ((User) users.get(i)).getUserName();
            map.put(uId, uName);
        }
        return map;
    }
    //查询用户编号
    public int getUserIdByName(String name) {
        int i = 0;
        try {
            ResultSet rs = userDao.getUsersByName(con, name);
            while (rs.next()) {
                i = rs.getInt("id");
            }
        } catch (Exception e) {
            e.printStackTrace();
        } finally {
            try {
                con.close();
            } catch (Exception e) {
                e.printStackTrace();
            }
```

```
        }
        return i;
    }
    //判断用户名或密码是否正确
    public boolean check(String name, String pass){
        try {
            User user = login(name, pass);
            if (user != null) {
                return true;
            }
        } catch (Exception e) {
            e.printStackTrace();
        } finally {
            try {
                con.close();
            } catch (Exception e) {
                e.printStackTrace();
            }
        }
        return false;
    }
    public void updatePass(String name, String pass) {
        int row = 0;
        try {
            row = userDao.updatePass(con, name, pass);
        } catch (Exception e) {
            e.printStackTrace();
        } finally {
            try {
                con.close();
            } catch (Exception e) {
                e.printStackTrace();
            }
        }
        if (row > 0) {
            JOptionPane.showMessageDialog(jop, "修改成功!");
        } else {
            JOptionPane.showMessageDialog(jop, "修改失败!");
        }
    }
}
```

用户注册界面类 RegJPanel：

```
public class RegJPanel extends JFrame implements ActionListener, FocusListener{
    private final JFrame jf;
    JPanel mainPanel;
    private final JTextField jtfName, jpfPass, jtfPhone, jtfVCode;
    private final JRadioButton jrbWoman, jrbMan;
```

```
    private final JLabel usernameMes, passwordMes, phoneMes;
    private final ValidCode vCode;
    private final JButton jbLogin, jbReg;
    JOptionPane jop = new JOptionPane();
    UserManage um = new UserManage();
    public RegJPanel() {
        jf = new JFrame("用户注册");
        jf.setBounds(600, 250, 510, 410);
        jf.setDefaultCloseOperation(JFrame.EXIT_ON_CLOSE);
        mainPanel = (JPanel) jf.getContentPane();
        mainPanel.setFont(new Font("宋体", Font.BOLD, 16));
        mainPanel.setLayout(null);
        JLabel jlName = new JLabel("用户名:");
        jlName.setForeground(Color.BLACK);
        jlName.setFont(new Font("宋体", Font.BOLD, 16));
        jlName.setBounds(110, 65, 75, 40);
        mainPanel.add(jlName);
        jtfName = new JTextField();
        jtfName.setFont(new Font("宋体", Font.BOLD, 14));
        jtfName.setForeground(Color.BLACK);
        jtfName.setColumns(10);
        jtfName.setBounds(198, 71, 164, 30);
        mainPanel.add(jtfName);
        jtfName.addFocusListener(this);
        JLabel jlPass = new JLabel(" 密码:");
        jlPass.setForeground(Color.BLACK);
        jlPass.setFont(new Font("宋体", Font.BOLD, 16));
        jlPass.setBounds(120, 108, 80, 40);
        mainPanel.add(jlPass);
        jpfPass = new JPasswordField();
        jpfPass.setFont(new Font("Dialog", Font.BOLD, 14));
        jpfPass.setToolTipText("");
        jpfPass.setColumns(10);
        jpfPass.setBounds(198, 114, 164, 30);
        mainPanel.add(jpfPass);
        jpfPass.addFocusListener(this);
        JLabel jlPhone = new JLabel("联系方式:");
        jlPhone.setForeground(Color.BLACK);
        jlPhone.setFont(new Font("宋体", Font.BOLD, 16));
        jlPhone.setBounds(100, 150, 90, 40);
        mainPanel.add(jlPhone);
        jtfPhone = new JTextField();
        jtfPhone.setFont(new Font("Dialog", Font.BOLD, 14));
        jtfPhone.setColumns(10);
        jtfPhone.setBounds(198, 156, 164, 30);
        mainPanel.add(jtfPhone);
        jtfPhone.addFocusListener(this);
        JLabel jlSex = new JLabel(" 性别:");
        jlSex.setForeground(Color.BLACK);
        jlSex.setFont(new Font("宋体", Font.BOLD, 16));
```

```
jlSex.setBounds(123, 194, 80, 40);
mainPanel.add(jlSex);
jrbMan = new JRadioButton("男");
jrbMan.setFont(new Font("宋体", Font.BOLD, 16));
jrbMan.setBounds(198, 202, 58, 23);
mainPanel.add(jrbMan);
jrbWoman = new JRadioButton("女");
jrbWoman.setFont(new Font("宋体", Font.BOLD, 16));
jrbWoman.setBounds(287, 202, 65, 23);
mainPanel.add(jrbWoman);
ButtonGroup bg = new ButtonGroup();
bg.add(jrbMan);
bg.add(jrbWoman);
usernameMes = new JLabel("*");
usernameMes.setFont(new Font("Dialog", Font.BOLD, 15));
usernameMes.setForeground(Color.red);
usernameMes.setBounds(372, 70, 122, 27);
mainPanel.add(usernameMes);
passwordMes = new JLabel("*");
passwordMes.setFont(new Font("Dialog", Font.BOLD, 15));
passwordMes.setForeground(Color.red);
passwordMes.setBounds(372, 110, 122, 27);
mainPanel.add(passwordMes);
phoneMes = new JLabel("*");
phoneMes.setFont(new Font("Dialog", Font.BOLD, 15));
phoneMes.setForeground(Color.red);
phoneMes.setBounds(372, 150, 122, 30);
mainPanel.add(phoneMes);
JLabel jlVCode = new JLabel("验证码:");
jlVCode.setForeground(Color.BLACK);
jlVCode.setFont(new Font("宋体", Font.BOLD, 16));
jlVCode.setBounds(110, 236, 75, 40);
mainPanel.add(jlVCode);
jtfVCode = new JTextField("");
jtfVCode.setColumns(10);
jtfVCode.setBounds(198, 241, 83, 30);
mainPanel.add(jtfVCode);
vCode = new ValidCode();
vCode.setLocation(293, 236);
mainPanel.add(vCode);
jbReg = new JButton("注册");
jbReg.addActionListener(this);
jbReg.setFont(new Font("宋体", Font.BOLD, 15));
jbReg.setBounds(120, 299, 75, 30);
mainPanel.add(jbReg);
jbLogin = new JButton("前往登录页面");
jbLogin.addActionListener(this);
jbLogin.setFont(new Font("宋体", Font.BOLD, 15));
jbLogin.setBounds(245, 299, 132, 30);
mainPanel.add(jbLogin);
```

```
        JLabel jbUserReg = new JLabel("用户注册");
        jbUserReg.setFont(new Font("Dialog", Font.BOLD, 22));
        jbUserReg.setBounds(184, 10, 122, 51);
        mainPanel.add(jbUserReg);
        jf.setVisible(true);
        jf.setResizable(false);
    }
    protected void RegCheck() {
        String username = jtfName.getText();
        String password = jpfPass.getText();
        String phone = jtfPhone.getText();
        String sex;
        if (jrbMan.isSelected()) {
            sex = jrbMan.getText();
        } else {
            sex = jrbWoman.getText();
        }
        if (toolUtil.isEmpty(username) || toolUtil.isEmpty(password) ||
toolUtil.isEmpty(phone)) {
            JOptionPane.showMessageDialog(jop, "请输入相关信息");
            return;
        }
        User user = new User();
        user.setUserName(username);
        user.setPassword(password);
        user.setSex(sex);
        user.setPhone(phone);
        user.setType("普通用户");
        int i = um.regUser(user);
        if (i == 2) {
            JOptionPane.showMessageDialog(jop, "该用户名已存在,请重新注册");
        } else if (i == 0) {
            JOptionPane.showMessageDialog(jop, "注册失败");
        } else {
            JOptionPane.showMessageDialog(jop, "注册成功");
            jf.dispose();
            new LoginJPanel();
        }
    }

    public void actionPerformed(ActionEvent e) {
        if (e.getSource()==jbReg){
            String code = jtfVCode.getText();
            if (toolUtil.isEmpty(code)) {
                JOptionPane.showMessageDialog(jop, "请输入验证码");
            } else {
                if (code.equalsIgnoreCase(vCode.getCode())) {
                    RegCheck();
                } else {
                    JOptionPane.showMessageDialog(jop, "验证码错误,请重新输入");
```

```
                }
            }
        }
        if (e.getSource()==jbLogin){
            jf.setVisible(false);
            new LoginJPanel();
        }
    }
    public void focusGained(FocusEvent e) { }
    public void focusLost(FocusEvent e) {
        if (e.getSource()==jtfName){
            String text = jtfName.getText();
            if (toolUtil.isEmpty(text)) {
                usernameMes.setText("* 用户名不能为空");
                usernameMes.setForeground(Color.RED);
            } else {
                if (um.isExist(text)) {
                    usernameMes.setText("此用户已存在");
                    usernameMes.setForeground(Color.RED);
                } else {
                    usernameMes.setText("√");
                    usernameMes.setForeground(Color.GREEN);
                }
            }
        }
        if (e.getSource()==jpfPass){
            String pwd = jpfPass.getText();
            if (toolUtil.isEmpty(pwd)) {
                passwordMes.setText("* 密码不能为空");
                passwordMes.setForeground(Color.RED);
            } else {
                boolean flag = pwd.matches("^(?![0-9]+$)(?![a-zA-Z]+$)[0-9A-
Za-z]{6,16}$");
                if (flag) {
                    passwordMes.setText("√");
                    passwordMes.setForeground(Color.GREEN);
                } else {
                    JOptionPane.showMessageDialog(jop, "密码需为 6~16 位数字和字
母的组合");
                    passwordMes.setText("*");
                }
            }
        }
        if (e.getSource()==jtfPhone){
            String phone = jtfPhone.getText();
            if (toolUtil.isEmpty(phone)) {
                phoneMes.setText("* 联系方式不能为空");
                phoneMes.setForeground(Color.RED);
            } else {
```

```
            boolean flag = phone.matches("^((13[0-9])|(14[5|7])|(15([0-3]|
[5-9]))|(18[0,5-9]))\\d{8}$");
            if (flag) {
                phoneMes.setText("√");
                phoneMes.setForeground(Color.GREEN);
            } else {
                JOptionPane.showMessageDialog(jop, "请输入正确的联系方式格式");
                phoneMes.setText("*");
            }
        }
    }
  }
}
```

用户登录界面类 LoginJPanel：

```
public class LoginJPanel extends JFrame implements ActionListener{
    private final JFrame jf;
    JPanel mainPanel;
    private final JTextField userNameText, passwordText;
    JButton jbSubmit, jbReg;
    JOptionPane jop = new JOptionPane();
    UserManage um = new UserManage();
    public LoginJPanel() {
        jf = new JFrame("用户登录");
        jf.setBounds(600, 250, 500, 467);
        jf.setDefaultCloseOperation(JFrame.EXIT_ON_CLOSE);
        mainPanel = (JPanel) jf.getContentPane();
        mainPanel.setLayout(null);
        ImageIcon ic = new ImageIcon("images/bg.jpg");
        JLabel jl = new JLabel(ic);
        jl.setBounds(24, 10, 430, 218);
        mainPanel.setOpaque(false);
        mainPanel.add(jl);
        JLabel jlName = new JLabel("用户名:");
        jlName.setFont(new Font("宋体", Font.BOLD, 14));
        jlName.setBounds(129, 250, 60, 29);
        mainPanel.add(jlName);
        userNameText = new JTextField();
        userNameText.setBounds(199, 252, 127, 25);
        mainPanel.add(userNameText);
        userNameText.setColumns(10);
        JLabel jlPass = new JLabel("密码:");
        jlPass.setFont(new Font("宋体", Font.BOLD, 14));
        jlPass.setBounds(144, 289, 45, 29);
        mainPanel.add(jlPass);
        passwordText = new JPasswordField();
        passwordText.setColumns(10);
        passwordText.setBounds(199, 291, 127, 25);
```

```
        mainPanel.add(passwordText);
        jbSubmit = new JButton("登录");
        jbSubmit.addActionListener(this);
        jbSubmit.setBounds(153, 340, 65, 29);
        mainPanel.add(jbSubmit);
        jbReg = new JButton("注册");
        jbReg.addActionListener(this);
        jbReg.setBounds(263, 340, 65, 29);
        mainPanel.add(jbReg);
        jf.setVisible(true);
        jf.setResizable(false);
    }
    @Override
    public void actionPerformed(ActionEvent e) {
        if(e.getSource()==jbSubmit){
            checkLogin();
        }
        if(e.getSource()==jbReg){
            regUser();
        }
    }
    protected void regUser() {
        jf.setVisible(false);
        new RegJPanel();
    }
    protected void checkLogin() {
        String userName = userNameText.getText();
        String password = passwordText.getText();
        if (toolUtil.isEmpty(userName) || toolUtil.isEmpty(password)) {
            JOptionPane.showMessageDialog(jop, "用户名和密码不能为空!");
        } else {
            User login = um.login(userName, password);
            if (login == null) {
                JOptionPane.showMessageDialog(jop, "登录失败,用户名或密码有误!");
            } else {
                MainInterface.user = login;
                MainInterface.status = MainInterface.user.getUserName();
                jf.setVisible(false);
                new MainInterface().mainIndex();
            }
        }
        passwordText.setText("");
    }
    public static void main(String[] args) {
        new LoginJPanel();
    }
}
```

17.2.2 个人信息维护模块设计

1. 功能描述与分析

个人信息维护模块的功能包括两个：修改个人信息和修改密码。如果管理员发现密码不安全或者管理员信息发生变化，则可以修改该管理员的密码或者个人信息，该项操作的前提条件是该管理员已进入该系统中。修改个人信息可以修改用户名和联系方式，修改密码要求用户输入原密码，输入两次新密码，只有当原密码正确，两次新密码相同，才能完成用户密码修改。

2. 涉及的数据库表

该功能模块使用用户信息表 user。

3. 界面设计分析

通过如图 17-17 所示的界面进行选择，修改用户信息表中用户个人信息和密码信息。

图 17-17 “个人信息维护”界面

修改个人信息如图 17-18 所示，单击“修改个人信息”选项后即可到达该界面，然后对用户名和联系方式进行修改。

图 17-18 “修改个人信息”界面

“修改密码”界面如图 17-19 所示,单击“修改密码”选项后则可对密码进行修改,在修改密码之前需要先填写原密码,然后输入两次新密码即可,不过要确保两次的新密码一致。

图 17-19 “修改密码”界面

4. 分析设计相关类

利用 MyInfoMngJPanel 类、UpdateInfoJPanel 类、UpdatePassJPanel 类,以及前面的 UserManage 类、UserDao 类、DbUtil 类,可以实现用户个人信息和密码的修改,UML 类图如图 17-20 所示。

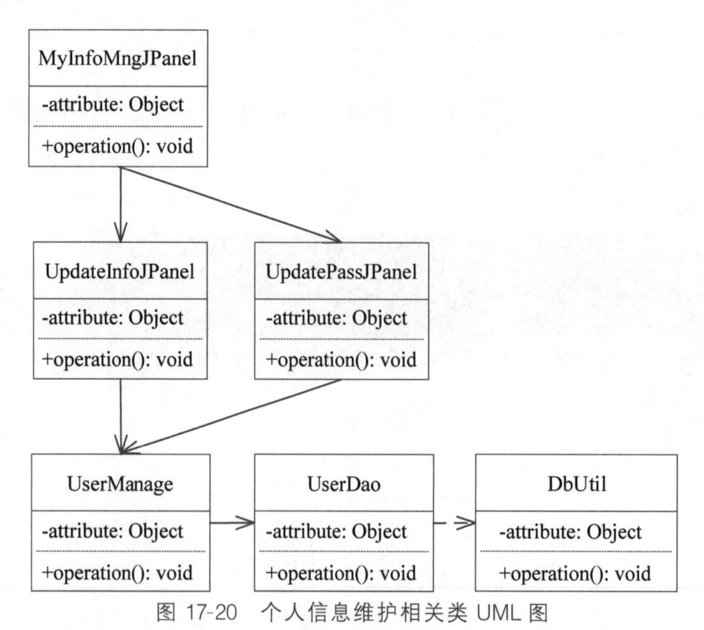

图 17-20 个人信息维护相关类 UML 图

用户“个人信息维护界面类”、“修改个人信息界面类”和“修改密码界面类”类图如图 17-21 所示。

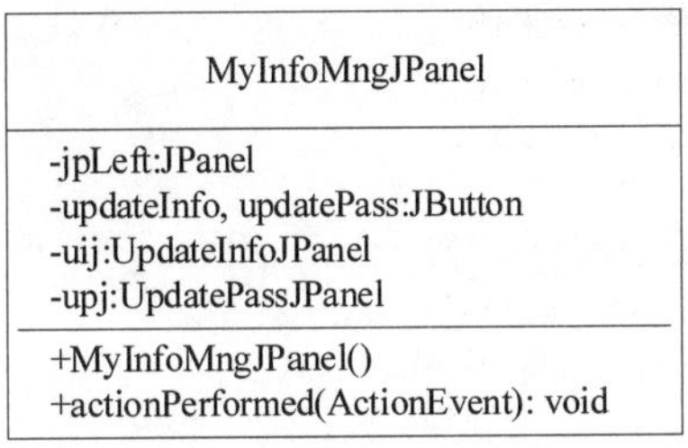

MyInfoMngJPanel
-jpLeft:JPanel -updateInfo, updatePass:JButton -uij:UpdateInfoJPanel -upj:UpdatePassJPanel
+MyInfoMngJPanel() +actionPerformed(ActionEvent): void

(a) “个人信息维护界面类”类图

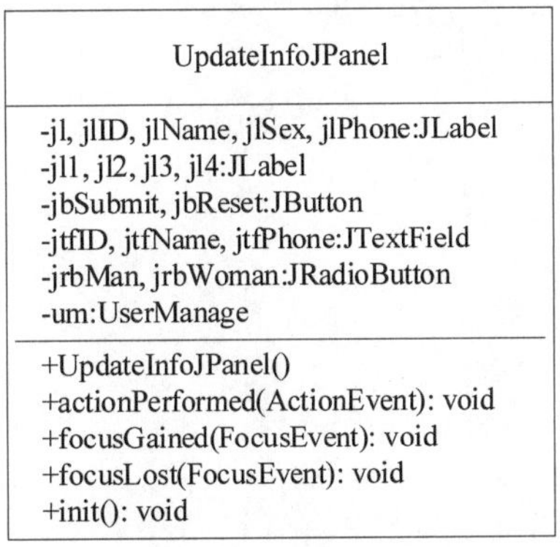

UpdateInfoJPanel
-jl, jlID, jlName, jlSex, jlPhone:JLabel -jl1, jl2, jl3, jl4:JLabel -jbSubmit, jbReset:JButton -jtfID, jtfName, jtfPhone:JTextField -jrbMan, jrbWoman:JRadioButton -um:UserManage
+UpdateInfoJPanel() +actionPerformed(ActionEvent): void +focusGained(FocusEvent): void +focusLost(FocusEvent): void +init(): void

(b) “修改个人信息界面类”类图

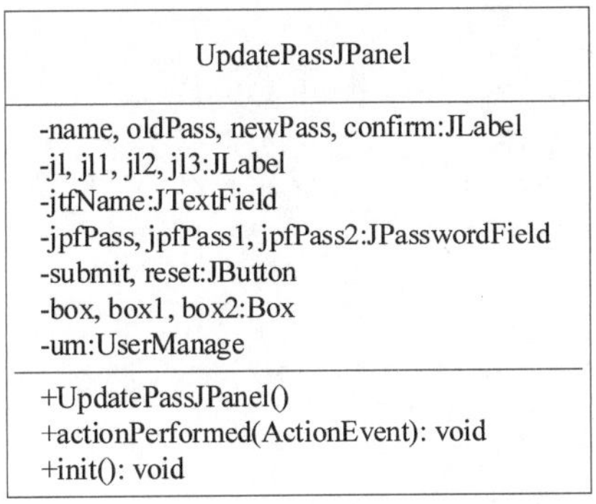

UpdatePassJPanel
-name, oldPass, newPass, confirm:JLabel -jl, jl1, jl2, jl3:JLabel -jtfName:JTextField -jpfPass, jpfPass1, jpfPass2:JPasswordField -submit, reset:JButton -box, box1, box2:Box -um:UserManage
+UpdatePassJPanel() +actionPerformed(ActionEvent): void +init(): void

(c) “修改密码界面类”类图

图 17-21　个人信息维护相关类类图

5. 相关类主要代码

该模块设计涉及类的主要代码如下。

修改个人信息界面类 UpdateInfoJPanel：

```
public class UpdateInfoJPanel extends JPanel implements ActionListener,
FocusListener {
    JLabel jl, jlID, jlName, jlSex, jlPhone, jl1, jl2, jl3, jl4;
    JButton jbSubmit, jbReset;
    JTextField jtfID, jtfName, jtfPhone;
    JRadioButton jrbMan, jrbWoman;
    UserManage um = new UserManage();
    public UpdateInfoJPanel() {
        jl = new JLabel("修改个人信息");
```

```
jl.setFont(new Font("宋体", Font.BOLD, 25));
jl.setForeground(Color.blue);
jl.setBounds(220, 10, 200, 80);
add(jl);
jlID = new JLabel("用户编号: ");
jlName = new JLabel("用户名: ");
jlPhone = new JLabel("联系方式: ");
jlSex = new JLabel("    性别: ");
jlID.setBounds(150, 55, 200, 80);
jlName.setBounds(150, 95, 200, 80);
jlPhone.setBounds(150, 135, 200, 80);
jlSex.setBounds(150, 175, 200, 80);
add(jlID);
add(jlName);
add(jlPhone);
add(jlSex);
jtfID = new JTextField();
jtfName = new JTextField();
jtfPhone = new JTextField();
jrbMan = new JRadioButton("男");
jrbWoman = new JRadioButton("女");
ButtonGroup bg = new ButtonGroup();
bg.add(jrbMan);
bg.add(jrbWoman);
Box boxSex = Box.createHorizontalBox();
boxSex.add(jrbMan);
boxSex.add(Box.createHorizontalStrut(50));
boxSex.add(jrbWoman);
jtfName.addFocusListener(this);
jtfPhone.addFocusListener(this);
jtfID.setBounds(220, 80, 180, 30);
jtfName.setBounds(220, 120, 180, 30);
jtfPhone.setBounds(220, 160, 180, 30);
boxSex.setBounds(240, 200, 180, 30);
add(jtfID);
add(jtfName);
add(jtfPhone);
add(boxSex);
jl1 = new JLabel("*");
jl1.setForeground(Color.red);
jl2 = new JLabel("*");
jl2.setForeground(Color.red);
jl3 = new JLabel("*");
jl3.setForeground(Color.red);
jl4 = new JLabel("*");
jl4.setForeground(Color.red);
jl1.setBounds(400, 80, 70, 30);
jl2.setBounds(400, 120, 70, 30);
jl3.setBounds(400, 160, 70, 30);
jl4.setBounds(400, 200, 70, 30);
```

```
        add(jl1);
        add(jl2);
        add(jl3);
        add(jl4);
        jbSubmit = new JButton("修改");
        jbReset = new JButton("重置");
        jbSubmit.addActionListener(this);
        jbReset.addActionListener(this);
        jbSubmit.setBounds(220, 265, 70, 30);
        add(jbSubmit);
        jbReset.setBounds(300, 265, 70, 30);
        add(jbReset);
        setBackground(Color.white);
        setLayout(null);
    }
    @Override
    public void actionPerformed(ActionEvent e) {
        if (e.getSource() == jbReset) {
            init();
        }
        if (e.getSource() == jbSubmit) {
            if (jtfName.getText().equals("") || jtfPhone.getText().equals("")) {
                JOptionPane.showMessageDialog(null, "必填项不能为空!");
            } else {
                User user = new User();
                user.setUserId(Integer.valueOf(jtfID.getText()));
                user.setUserName(jtfName.getText());
                user.setPhone(jtfPhone.getText());
                String sex;
                if (jrbMan.isSelected()) {
                    sex = jrbMan.getText();
                } else {
                    sex = jrbWoman.getText();
                }
                user.setSex(sex);
                //密码和角色,不可修改,使用原来的
                user.setPassword(MainInterface.user.getPassword());
                user.setType(MainInterface.user.getType());
                um.updateUser(user);
                MainInterface.user = user;
                init();
            }
        }
    }
    @Override
    public void focusGained(FocusEvent e) {
    }
    @Override
    public void focusLost(FocusEvent e) {
        if (e.getSource() == jtfPhone) {
```

```
            String phone = jtfPhone.getText();
            if (phone.equals("")) {
                jl4.setText("* 联系方式不可以为空");
            } else {
                boolean flag = phone.matches("^((13[0-9])|(14[5|7])|(15([0-3]|
[5-9]))|(18[0,5-9]))\\d{8}$");
                if (flag) {
                    jl4.setText("* ");
                } else {
                    jl4.setText("* 请输入正确的联系方式格式");
                }
            }
        }
    }
    public void init() {
        jtfID.setEditable(false);
        jtfID.setText("");
        jtfName.setText("");
        jtfPhone.setText("");
        jrbMan.setSelected(true);
        jl1.setText(" ");
        jl2.setText("* ");
        jl3.setText("* ");
        jl4.setText("* ");
        User user = MainInterface.user;
        jtfID.setText(String.valueOf(user.getUserId()));
        jtfName.setText(user.getUserName());
        jtfPhone.setText(user.getPhone());
        if ("男".equals(user.getSex())) {
            jrbMan.setSelected(true);
        } else {
            jrbWoman.setSelected(true);
        }
    }
}
```

修改密码界面类 UpdatePassJPanel：

```
public class UpdatePassJPanel extends JPanel implements ActionListener {
    JLabel jl, name, oldPass, newPass, confirm, jl1, jl2, jl3;
    JTextField jtfName;
    JPasswordField jpfPass, jpfPass1, jpfPass2;
    JButton submit, reset;
    Box box, box1, box2;
    UserManage um = new UserManage();
    public UpdatePassJPanel() {
        jl = new JLabel("修改密码");
        jl.setFont(new Font("宋体", Font.BOLD, 25));
        jl.setForeground(Color.blue);
```

```
jl.setBounds(250, 10, 200, 80);
add(jl);
name = new JLabel("    用户名: ");
oldPass = new JLabel("    原密码: ");
newPass = new JLabel("    新密码: ");
confirm = new JLabel("确认新密码: ");
box = Box.createVerticalBox();
box.add(name);
box.add(Box.createVerticalStrut(15));
box.add(oldPass);
box.add(Box.createVerticalStrut(15));
box.add(newPass);
box.add(Box.createVerticalStrut(15));
box.add(confirm);
box.setBounds(150, 80, 100, 120);
add(box);
jtfName = new JTextField();
jtfName.setEditable(false);
jpfPass = new JPasswordField();
jpfPass1 = new JPasswordField();
jpfPass2 = new JPasswordField();
box1 = Box.createVerticalBox();
box1.add(jtfName);
box1.add(Box.createVerticalStrut(10));
box1.add(jpfPass);
box1.add(Box.createVerticalStrut(10));
box1.add(jpfPass1);
box1.add(Box.createVerticalStrut(10));
box1.add(jpfPass2);
box1.setBounds(220, 80, 200, 120);
add(box1);
submit = new JButton("确定");
reset = new JButton("重置");
submit.addActionListener(this);
reset.addActionListener(this);
box2 = Box.createHorizontalBox();
box2.add(submit);
box2.add(Box.createHorizontalStrut(10));
box2.add(reset);
box2.setBounds(240, 220, 150, 30);
add(box2);
jl1 = new JLabel("*");
jl1.setForeground(Color.red);
jl2 = new JLabel("*");
jl2.setForeground(Color.red);
jl3 = new JLabel("*");
jl3.setForeground(Color.red);
jl1.setBounds(425, 110, 70, 30);
jl2.setBounds(425, 140, 70, 30);
jl3.setBounds(425, 170, 70, 30);
```

```
        add(jl1);
        add(jl2);
        add(jl3);
        setLayout(null);
        setBackground(Color.white);
    }
    @Override
    public void actionPerformed(ActionEvent e) {
        if (e.getSource() == submit) {
            String pass1 = String.valueOf(jpfPass1.getPassword());
            String pass2 = String.valueOf(jpfPass2.getPassword());
                if (um. check (jtfName. getText ( ), String. valueOf (jpfPass.
getPassword()))) {
                if (pass1.equals(pass2)) {
                    um.updatePass(jtfName.getText(), pass1);
                } else {
                    JOptionPane.showMessageDialog(null,"两次密码输入不一致!");
                }
                } else {
                    JOptionPane.showMessageDialog(null, "密码有误!");
                }
                init();
        }
        if (e.getSource() == reset) {
            init();
        }
    }
    public void init() {
        //自动获得用户登录时的用户名
        jtfName.setText(MainInterface.user.getUserName());
        jpfPass.setText("");
        jpfPass1.setText("");
        jpfPass2.setText("");
    }
}
```

个人信息维护界面类 MyInfoMngJPanel：

```
public class MyInfoMngJPanel extends JPanel implements ActionListener {
    JPanel jpLeft;
    JButton updateInfo, updatePass;
    public static UpdateInfoJPanel uij = new UpdateInfoJPanel();
    public static UpdatePassJPanel upj = new UpdatePassJPanel();
    public MyInfoMngJPanel() {
        uij.setVisible(false);
        upj.setVisible(false);
        setLayout(null);
        jpLeft = new JPanel();
        updateInfo = new JButton("修改个人信息");
```

```
        updateInfo.addActionListener(this);
        updatePass = new JButton("修改密码");
        updatePass.addActionListener(this);
        jpLeft.add(Box.createHorizontalStrut(10));
        jpLeft.add(updateInfo);
        jpLeft.add(Box.createHorizontalStrut(10));
        jpLeft.add(Box.createHorizontalStrut(10));
        jpLeft.add(Box.createHorizontalStrut(10));
        jpLeft.add(updatePass);
        jpLeft.setBounds(15, 15, 100, 370);
        jpLeft.setBackground(Color.white);
        add(jpLeft);
        uij.setBounds(130, 15, 685, 370);
        add(uij);
        upj.setBounds(130, 15, 685, 370);
        add(upj);
    }
    @Override
    public void actionPerformed(ActionEvent e) {
        if (e.getSource() == updateInfo) {
            MainInterface.jp.setVisible(false);
            uij.setVisible(true);
            upj.setVisible(false);
            uij.init();
        }
        if (e.getSource() == updatePass) {
            MainInterface.jp.setVisible(false);
            uij.setVisible(false);
            upj.setVisible(true);
            upj.init();
        }
    }
}
```

17.2.3 用户管理模块设计

1. 功能描述与分析

系统管理员使用用户管理模块完成对用户信息表中数据的添加、删除、修改、查询操作，即实现添加新的用户、修改已有用户信息、删除已有用户信息等功能。

2. 涉及的数据库表

该功能模块仍使用用户信息表 user。

3. 界面设计分析

使用该界面可以对家庭财务管理系统的用户进行管理，并可以直接浏览用户信息表中相关数据信息，如图 17-22 所示。

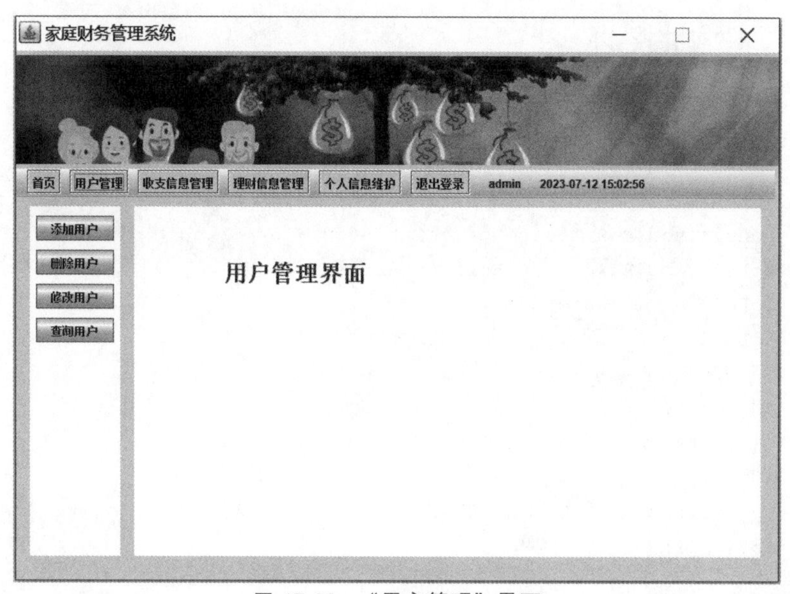

图 17-22 “用户管理”界面

用户管理包括添加用户、删除用户、修改用户、查询用户 4 个功能。添加用户功能如图 17-23 所示，在添加用户时，要验证该用户名是否存在：若用户已存在，则提示此用户已存在；若用户不存在，则可继续添加密码。密码不可为空，密码要求由字母和数字两种字符组成，长度为 6～16 位，如果只用其中一种作为密码或者长度不够，则提示密码需为 6～16 位数字和字母的组合，如果添加都符合要求则添加新用户。

图 17-23 “添加用户信息”界面

删除用户功能如图 17-24 所示，删除信息根据的是用户名。删除信息时，如图 17-25 所示，要提示用户是否确认要删除，用户确认后再完成信息删除。删除用户信息成功后，提示用户删除成功，如图 17-26 所示。

图 17-24 “删除用户信息”界面

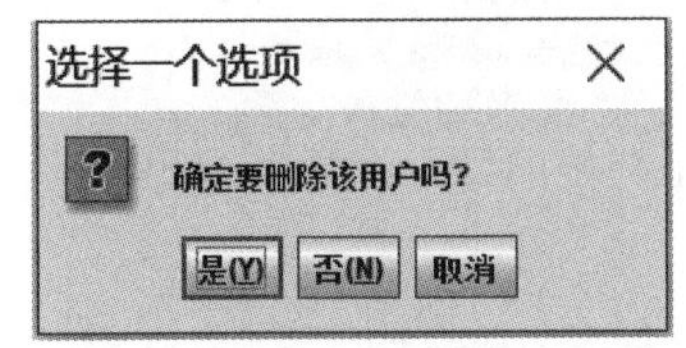

图 17-25 是否确定要删除用户的提示信息

图 17-26 删除成功的提示信息

修改用户功能如图 17-27 所示，首先要填写用户名，如果填写的用户不存在则给出提示信息，如图 17-28 所示；如果填写的用户已经存在，则可以对密码、联系方式、性别等信息进行修改。填写完以后单击“修改”按钮，并弹出修改成功的提示信息，如图 17-29 所示。如果填写的修改内容不对则可单击“重置”按钮，这时会将填写的信息清空，然后重新填写。

图 17-27 “修改用户信息”界面

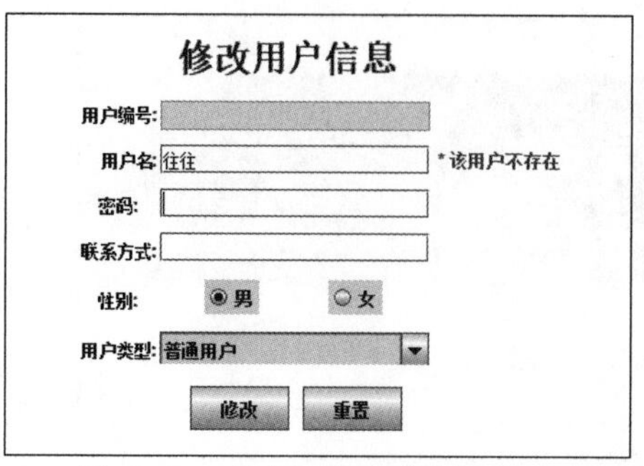

图 17-28　用户不存在的提示信息

图 17-29　修改成功的提示信息

查询用户功能如图 17-30 所示,可以根据用户名进行查询,或者查询全部信息。在根据用户名进行查询时,输入要查询的用户名后单击“查询”按钮即可显示如图 17-31 所示的界面。查询方式选择查询全部后,单击“查询”按钮即可得到所有的用户信息,如图 17-32 所示。

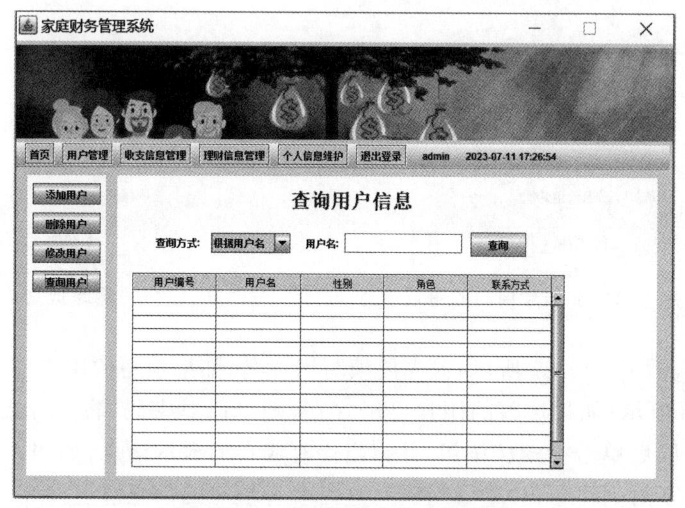

图 17-30　“查询用户信息”界面

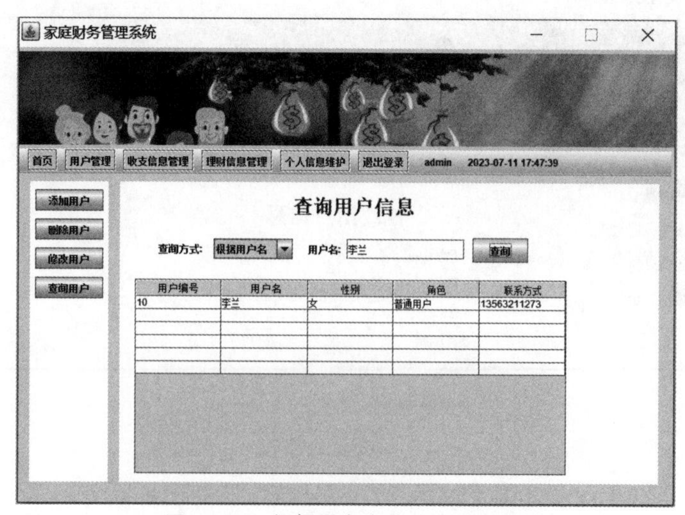

图 17-31　根据用户名查询所得结果

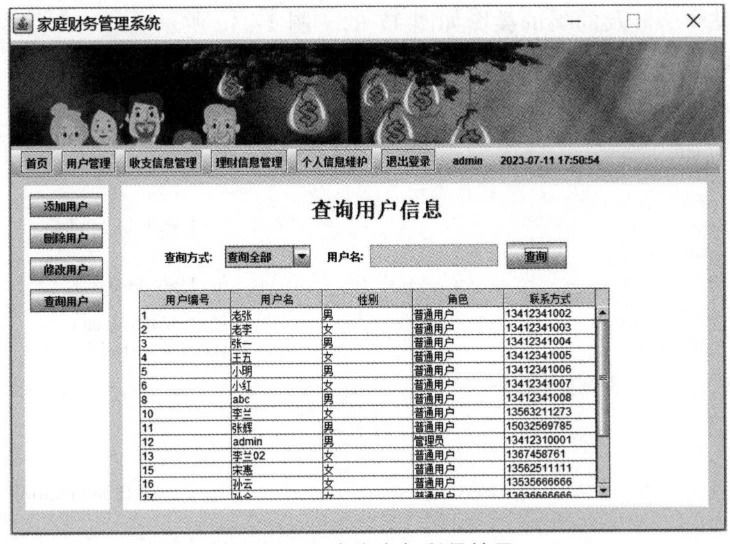

图 17-32　查询全部所得结果

4. 分析设计相关类

利用 UserMngJPanel 类、AddUserJPanel 类、DeleteUserJPanel 类、UpdateUserJPanel 类、SeekUserJPanel 类、UserTableModel 类、User 类，以及前面的 UserManage 类、UserDao 类、DbUtil 类，可以实现用户管理，UML 类图如图 17-33 所示。

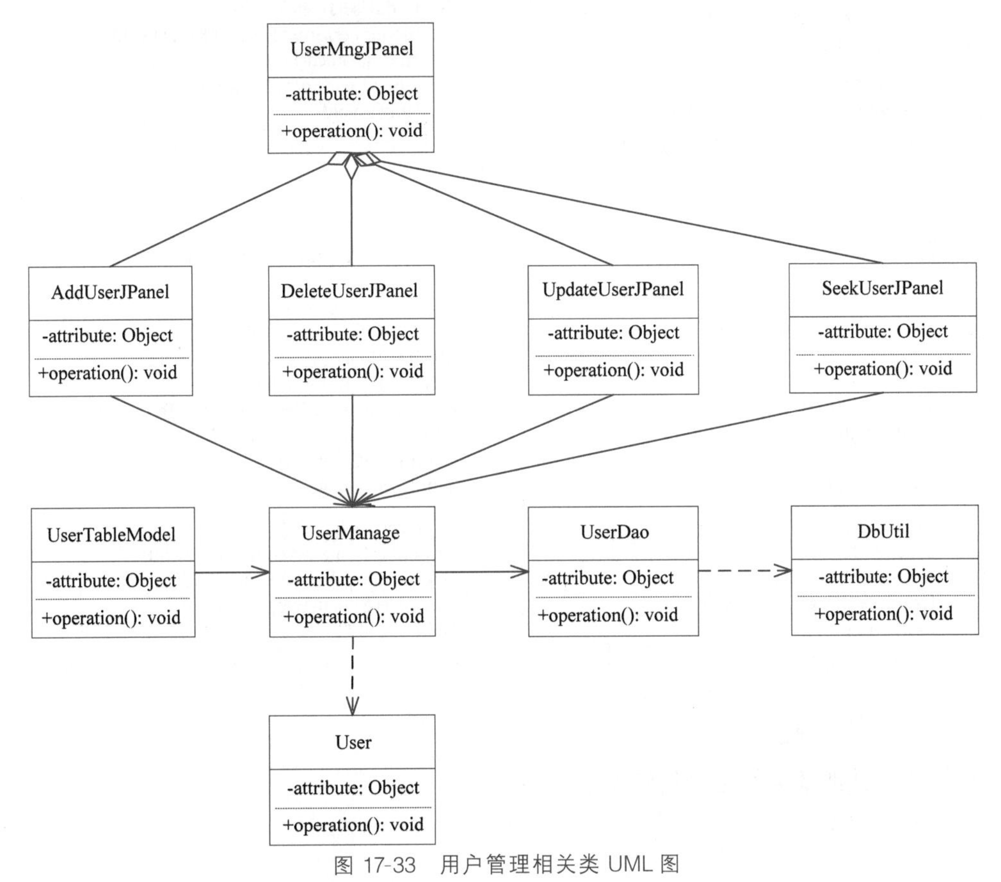

图 17-33　用户管理相关类 UML 图

用户管理操作所涉及的类的类图如图 17-34～图 17-40 所示。

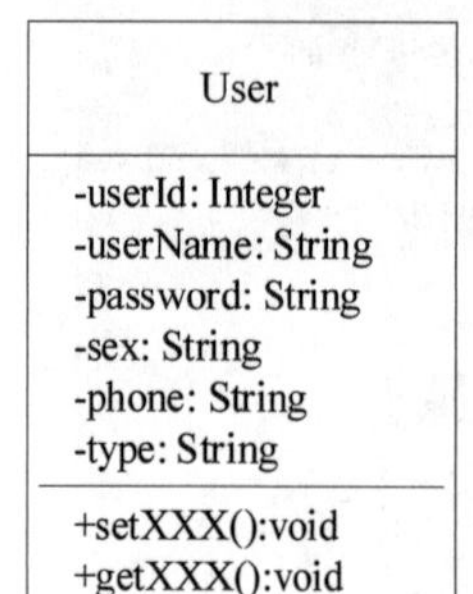

图 17-34 “用户实体类”类图

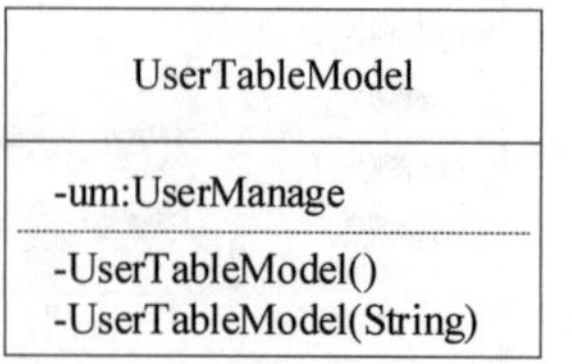

图 17-35 “用户信息表模型类”类图

UserMngJPanel

-jpLeft: JPanel
-addUser, updateUser, deleteUser, seekUser: JButton
-auj: AddUserJPanel
-uuj: UpdateUserJPanel
-duj: DeleteUserJPanel
-suj: SeekUserJPanel

+UserMngJPanel()
+actionPerformed(ActionEvent):void

图 17-36 “用户管理界面类”类图

AddUserJPanel

-box1, box2, box3, boxBase: Box
-jl, jlID, jlName, jlSex, jlPass, jlPhone: JLabel
-jl1, jl2, jl3, jl4, jl5, jl6, jlType: JLabel
-jbSubmit, jbReset: JButton
-jtfID, jtfName, jtfPass, jtfPhon: JTextField
-jrbMan, jrbWoman: JRadioButton
-comBox: JComboBox
-um: UserManage

+AddUserJPanel()
+actionPerformed(ActionEvent):void
+focusGained(FocusEvent): void
+focusLost(FocusEvent): void
+init(): void

图 17-37 “添加用户信息界面类”类图

DeleteUserJPanel

-box1, box2: Box
-jl, jlName, jl1: JLabel
-jbSubmit, jbReset: JButton
-jtfName: JTextField
-um: UserManage

+DeleteUserJPanel()
+actionPerformed(ActionEvent): void
+focusGained(FocusEvent): void
+focusLost(FocusEvent): void
+init(): void

图 17-38 “删除用户信息界面类”类图

UpdateUserJPanel

-box1, box2, box3, boxBase: Box
-jl, jlID, jlName, jlSex, jlPass, jlPhone: JLabel
-jl1, jl2, jl3, jl4, jl5, jl6, jlType: JLabel
-jbSubmit, jbReset: JButton
-jtfID, jtfName, jtfPass, jtfPhon: JTextField
-jrbMan, jrbWoman: JRadioButton
-comBox: JComboBox
-um: UserManage

+UpdateUserJPanel()
+actionPerformed(ActionEvent):void
+focusGained(FocusEvent): void
+focusLost(FocusEvent): void
+init(): void

图 17-39 “修改用户信息界面类”类图

5. 相关类主要代码

该模块设计涉及类的主要代码如下。

用户实体类 User：

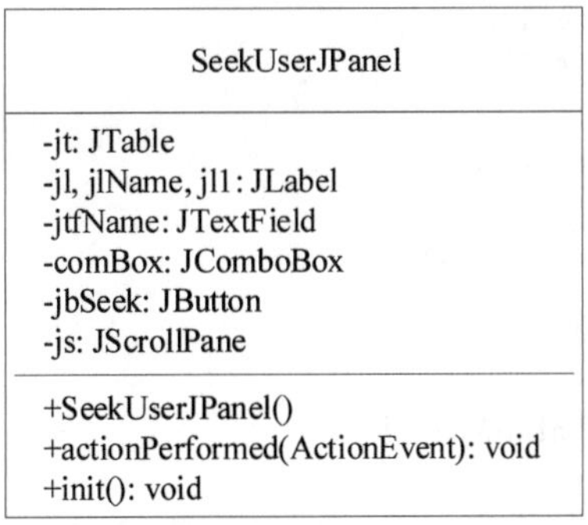

SeekUserJPanel
-jt: JTable -jl, jlName, jl1 : JLabel -jtfName: JTextField -comBox: JComboBox -jbSeek: JButton -js: JScrollPane
+SeekUserJPanel() +actionPerformed(ActionEvent): void +init(): void

图 17-40 “查询用户信息界面类”类图

```
public class User {
    private Integer userId;
    private String userName;
    private String password;
    private String sex;
    private String phone;
    private String type;                              //用户类型:"管理员" 或 "普通用户"
    public String getSex() {
        return sex;
    }
    public void setSex(String sex) {
        this.sex = sex;
    }
    public String getPhone() {
        return phone;
    }
    public void setPhone(String phone) {
        this.phone = phone;
    }
    public Integer getUserId() {
        return userId;
    }
    public void setUserId(Integer userId) {
        this.userId = userId;
    }
    public String getUserName() {
        return userName;
    }
    public void setUserName(String userName) {
        this.userName = userName;
    }
    public String getPassword() {
        return password;
    }
    public void setPassword(String password) {
        this.password = password;
    }
```

```
    public String getType() {
        return type;
    }
    public void setType(String type) {
        this.type = type;
    }
}
```

用户信息表模型类 UserTableModel：

```
public class UserTableModel extends DefaultTableModel {
    UserManage um = new UserManage();
    List list = new ArrayList();
    public UserTableModel() {
        Object[] title = {"用户编号", "用户名", "性别", "角色", "联系方式"};
        Object[][] date = new Object[15][5];
        super.setDataVector(date, title);
    }
    public UserTableModel(String name) {
        Object[] title = {"用户编号", "用户名", "性别", "角色", "联系方式"};
        list = um.getUsersByName(name);
        Object[][] date = new Object[list.size() + 5][5];
        for (int i = 0; i < list.size(); i++) {
            date[i][0] = ((User) list.get(i)).getUserId();
            date[i][1] = ((User) list.get(i)).getUserName();
            date[i][2] = ((User) list.get(i)).getSex();
            date[i][3] = ((User) list.get(i)).getType();
            date[i][4] = ((User) list.get(i)).getPhone();
        }
        super.setDataVector(date, title);
    }
}
```

用户管理界面类 UserMngJPanel：

```
public class UserMngJPanel extends JPanel implements ActionListener {
    JPanel jpLeft;
    JButton addUser, updateUser, deleteUser, seekUser;
    public static AddUserJPanel auj = new AddUserJPanel();
    public static UpdateUserJPanel uuj = new UpdateUserJPanel();
    public static DeleteUserJPanel duj = new DeleteUserJPanel();
    public static SeekUserJPanel suj = new SeekUserJPanel();
    public UserMngJPanel() {
        auj.setVisible(false);
        uuj.setVisible(false);
        duj.setVisible(false);
        suj.setVisible(false);
        setLayout(null);
        jpLeft = new JPanel();
```

```
        addUser = new JButton("添加用户");
        addUser.addActionListener(this);
        deleteUser = new JButton("删除用户");
        deleteUser.addActionListener(this);
        updateUser = new JButton("修改用户");
        updateUser.addActionListener(this);
        seekUser = new JButton("查询用户");
        seekUser.addActionListener(this);
        jpLeft.add(Box.createHorizontalStrut(10));
        jpLeft.add(addUser);
        jpLeft.add(Box.createHorizontalStrut(10));
        jpLeft.add(Box.createHorizontalStrut(10));
        jpLeft.add(Box.createHorizontalStrut(10));
        jpLeft.add(deleteUser);
        jpLeft.add(Box.createHorizontalStrut(10));
        jpLeft.add(Box.createHorizontalStrut(10));
        jpLeft.add(Box.createHorizontalStrut(10));
        jpLeft.add(updateUser);
        jpLeft.add(Box.createHorizontalStrut(10));
        jpLeft.add(Box.createHorizontalStrut(10));
        jpLeft.add(Box.createHorizontalStrut(10));
        jpLeft.add(seekUser);
        jpLeft.setBounds(15, 15, 100, 370);
        jpLeft.setBackground(Color.white);
        add(jpLeft);
        auj.setBounds(130, 15, 685, 370);
        add(auj);
        uuj.setBounds(130, 15, 685, 370);
        add(uuj);
        duj.setBounds(130, 15, 685, 370);
        add(duj);
        suj.setBounds(130, 15, 685, 370);
        add(suj);
    }
    @Override
    public void actionPerformed(ActionEvent e) {
        if (e.getSource() == addUser) {
            MainInterface.jp.setVisible(false);
            auj.setVisible(true);
            duj.setVisible(false);
            uuj.setVisible(false);
            suj.setVisible(false);
            auj.init();
        }
        if (e.getSource() == deleteUser) {
            MainInterface.jp.setVisible(false);
            auj.setVisible(false);
            duj.setVisible(true);
            uuj.setVisible(false);
            suj.setVisible(false);
```

```
            duj.init();
        }
        if (e.getSource() == updateUser) {
            MainInterface.jp.setVisible(false);
            auj.setVisible(false);
            duj.setVisible(false);
            uuj.setVisible(true);
            suj.setVisible(false);
            uuj.init();
        }
        if (e.getSource() == seekUser) {
            MainInterface.jp.setVisible(false);
            auj.setVisible(false);
            duj.setVisible(false);
            uuj.setVisible(false);
            suj.setVisible(true);
            suj.init();
        }
    }
}
```

添加用户信息界面类 AddUserJPanel：

```
public class AddUserJPanel extends JPanel implements ActionListener,
FocusListener {
    Box box1, box2, box3, boxBase;
    JLabel jl, jlID, jlName, jlSex, jlPass, jlPhone, jlType, jl1, jl2, jl3, jl4,
jl5, jl6;
    JButton jbSubmit, jbReset;
    JTextField jtfID, jtfName, jtfPass, jtfPhon;
    JRadioButton jrbMan, jrbWoman;
    JComboBox comBox;
    UserManage um = new UserManage();
    public AddUserJPanel() {
        jl1 = new JLabel(" ");
        jl1.setForeground(Color.red);
        jl2 = new JLabel("* ");
        jl2.setForeground(Color.red);
        jl3 = new JLabel("* ");
        jl3.setForeground(Color.red);
        jl4 = new JLabel("* ");
        jl4.setForeground(Color.red);
        jl5 = new JLabel("* ");
        jl5.setForeground(Color.red);
        jl6 = new JLabel("* ");
        jl6.setForeground(Color.red);
        jl = new JLabel("添加用户信息");
        jl.setFont(new Font("宋体", Font.BOLD, 25));
        jl.setForeground(Color.blue);
```

```java
jl.setBounds(220, 10, 200, 80);
add(jl);
jlID = new JLabel("用户编号：");
jlName = new JLabel("用户名：");
jlPass = new JLabel("    密码：");
jlPhone = new JLabel("联系方式：");
jlSex = new JLabel("    性别：");
jlType = new JLabel("用户类型：");
jbSubmit = new JButton("添加");
jbReset = new JButton("重置");
jbSubmit.addActionListener(this);
jbReset.addActionListener(this);
jtfID = new JTextField();
jtfName = new JTextField();
jtfPass = new JPasswordField();
jtfPhon = new JTextField();
jrbMan = new JRadioButton("男");
jrbWoman = new JRadioButton("女");
ButtonGroup bg = new ButtonGroup();
bg.add(jrbMan);
bg.add(jrbWoman);
comBox = new JComboBox(um.getTypes());
jtfName.addFocusListener(this);
jtfPass.addFocusListener(this);
jtfPhon.addFocusListener(this);
box1 = Box.createVerticalBox();
box1.add(jlID);
box1.add(Box.createVerticalStrut(15));
box1.add(jlName);
box1.add(Box.createVerticalStrut(15));
box1.add(jlPass);
box1.add(Box.createVerticalStrut(15));
box1.add(jlPhone);
box1.add(Box.createVerticalStrut(18));
box1.add(jlSex);
box1.add(Box.createVerticalStrut(18));
box1.add(jlType);
box2 = Box.createVerticalBox();
box2.add(jtfID);
box2.add(Box.createVerticalStrut(10));
box2.add(jtfName);
box2.add(Box.createVerticalStrut(10));
box2.add(jtfPass);
box2.add(Box.createVerticalStrut(10));
box2.add(jtfPhon);
box2.add(Box.createVerticalStrut(12));
Box boxSex = Box.createHorizontalBox();
boxSex.add(jrbMan);
boxSex.add(Box.createHorizontalStrut(50));
boxSex.add(jrbWoman);
```

```
        box2.add(boxSex);
        box2.add(Box.createVerticalStrut(12));
        box2.add(comBox);
        box3 = Box.createVerticalBox();
        box3.add(jl1);
        box3.add(Box.createVerticalStrut(15));
        box3.add(jl2);
        box3.add(Box.createVerticalStrut(15));
        box3.add(jl3);
        box3.add(Box.createVerticalStrut(15));
        box3.add(jl4);
        box3.add(Box.createVerticalStrut(15));
        box3.add(jl5);
        box3.add(Box.createVerticalStrut(20));
        box3.add(jl6);
        boxBase = Box.createHorizontalBox();
        boxBase.add(box1);
        boxBase.add(box2);
        boxBase.setBounds(150, 80, 250, 180);
        add(boxBase);
        box3.setBounds(405, 80, 250, 200);
        add(box3);
        jbSubmit.setBounds(230, 275, 70, 30);
        add(jbSubmit);
        jbReset.setBounds(310, 275, 70, 30);
        add(jbReset);
        setBackground(Color.white);
        setLayout(null);
    }
    @Override
    public void actionPerformed(ActionEvent e) {
        if (e.getSource() == jbReset) {
            init();
        }
        if (e.getSource() == jbSubmit) {
            if (jtfName.getText().equals("") || jtfPass.getText().equals("") ||
jtfPhon.getText().equals("")) {
                JOptionPane.showMessageDialog(null, "必填项不能为空!");
            } else {
                User user = new User();
                user.setUserName(jtfName.getText());
                user.setPassword(jtfPass.getText());
                user.setPhone(jtfPhon.getText());
                String sex;
                if (jrbMan.isSelected()) {
                    sex = jrbMan.getText();
                } else {
                    sex = jrbWoman.getText();
                }
                user.setSex(sex);
```

```
                user.setType((String) comBox.getSelectedItem());
                um.addUser(user);
                init();
            }
        }
    }
    @Override
    public void focusGained(FocusEvent e) {
    }
    @Override
    public void focusLost(FocusEvent e) {
        if (e.getSource() == jtfName) {
            if (jtfName.getText().equals("")) {
                jl2.setText("* 用户名不可以为空");
            } else {
                if (um.isExist(jtfName.getText())) {
                    jl2.setText("* 此用户已存在");
                } else {
                    jl2.setText("* ");
                }
            }
        }
        if (e.getSource() == jtfPass) {
            String pwd = jtfPass.getText();
            if (pwd.equals("")) {
                jl3.setText("* 密码不可以为空");
            } else {
                boolean flag = pwd.matches("^(?![0-9]+$)(?![a-zA-Z]+$)[0-9A-
Za-z]{6,16}$");
                if (flag) {
                    jl3.setText("* ");
                } else {
                    jl3.setText("* 密码需为 6~16 位数字和字母的组合");
                }
            }
        }
        if (e.getSource() == jtfPhon) {
            String phone = jtfPhon.getText();
            if (phone.equals("")) {
                jl4.setText("* 联系方式不可以为空");
            } else {
                boolean flag = phone.matches("^((13[0-9])|(14[5|7])|(15([0-3]|
[5-9]))|(18[0,5-9]))\\d{8}$");
                if (flag) {
                    jl4.setText("* ");
                } else {
                    jl4.setText("* 请输入正确的联系方式格式");
                }
            }
        }
```

```java
    }
    public void init() {
        jtfID.setEditable(false);
        jtfName.setText("");
        jtfPass.setText("");
        jtfPhon.setText("");
        jrbMan.setSelected(true);
        comBox.setSelectedIndex(0);
        jl1.setText(" ");
        jl2.setText("* ");
        jl3.setText("* ");
        jl4.setText("* ");
        jl5.setText("* ");
        jl6.setText("* ");
    }
}
```

删除用户信息界面类 DeleteUserJPanel：

```java
public class DeleteUserJPanel extends JPanel implements ActionListener,
FocusListener {
    Box box1, box2;
    JLabel jl, jlName, jl1;
    JButton jbSubmit, jbReset;
    JTextField jtfName;
    UserManage um = new UserManage();
    public DeleteUserJPanel() {
        jl1 = new JLabel("* ");
        jl1.setForeground(Color.red);
        jl = new JLabel("删除用户信息");
        jl.setFont(new Font("宋体", Font.BOLD, 25));
        jl.setForeground(Color.blue);
        jl.setBounds(220, 10, 200, 80);
        add(jl);
        jlName = new JLabel("用户名:");
        jbSubmit = new JButton("删除");
        jbReset = new JButton("重置");
        jbSubmit.addActionListener(this);
        jbReset.addActionListener(this);
        jtfName = new JTextField();
        jtfName.addFocusListener(this);
        box1 = Box.createHorizontalBox();
        box1.add(jlName);
        box1.add(Box.createHorizontalStrut(10));
        box1.add(jtfName);
        box2 = Box.createVerticalBox();
        box2.add(jl1);
        box1.setBounds(150, 80, 250, 20);
        add(box1);
```

```
        box2.setBounds(405, 80, 250, 142);
        add(box2);
        jbSubmit.setBounds(230, 120, 70, 30);
        add(jbSubmit);
        jbReset.setBounds(310, 120, 70, 30);
        add(jbReset);
        setBackground(Color.white);
        setLayout(null);
    }
    @Override
    public void actionPerformed(ActionEvent e) {
        if (e.getSource() == jbReset) {
            init();
        }
        if (e.getSource() == jbSubmit) {
            if (jtfName.getText().equals("")) {
                jl1.setText("* 用户名不可以为空");
            } else {
                if (um.isExist(jtfName.getText())) {
                    jl1.setText("*");
                    int i = JOptionPane.showConfirmDialog(null, "确定要删除该用户
吗?");
                    if (i==0) {
                        um.deleteUser(jtfName.getText());
                        init();
                    }
                } else {
                    jl1.setText("* 不存在此用户信息");
                }
            }
        }
    }
    @Override
    public void focusGained(FocusEvent e) { }
    @Override
    public void focusLost(FocusEvent e) {
        if (e.getSource() == jtfName) {
            if (jtfName.getText().equals("")) {
                jl1.setText("* 用户名不可以为空");
            } else {
                if (um.isExist(jtfName.getText())) {
                    jl1.setText("*");
                } else {
                    jl1.setText("* 不存在此用户信息");
                }
            }
        }
    }
    public void init() {
```

```
        jtfName.setText("");
        jl1.setText("*");
    }
}
```

修改用户信息界面类 UpdateUserJPanel：

```
public class UpdateUserJPanel extends JPanel implements ActionListener,
FocusListener {
    Box box1, box2, box3, boxBase;
    JLabel jl, jlID, jlName, jlSex, jlPass, jlPhone, jlType, jl1, jl2, jl3, jl4,
jl5, jl6;
    JButton jbSubmit, jbReset;
    JTextField jtfID, jtfName, jtfPass, jtfPhon;
    JRadioButton jrbMan, jrbWoman;
    JComboBox comBox;
    UserManage um = new UserManage();
    public UpdateUserJPanel() {
        jl1 = new JLabel("*");
        jl1.setForeground(Color.red);
        jl2 = new JLabel("*");
        jl2.setForeground(Color.red);
        jl3 = new JLabel("*");
        jl3.setForeground(Color.red);
        jl4 = new JLabel("*");
        jl4.setForeground(Color.red);
        jl5 = new JLabel("*");
        jl5.setForeground(Color.red);
        jl6 = new JLabel("*");
        jl6.setForeground(Color.red);
        jl = new JLabel("修改用户信息");
        jl.setFont(new Font("宋体", Font.BOLD, 25));
        jl.setForeground(Color.blue);
        jl.setBounds(220, 10, 200, 80);
        add(jl);
        jlID = new JLabel("用户编号：");
        jlName = new JLabel("用户名：");
        jlPass = new JLabel("    密码：");
        jlPhone = new JLabel("联系方式：");
        jlSex = new JLabel("    性别：");
        jlType = new JLabel("用户类型：");
        jbSubmit = new JButton("修改");
        jbReset = new JButton("重置");
        jbSubmit.addActionListener(this);
        jbReset.addActionListener(this);
        jtfID = new JTextField();
        jtfName = new JTextField();
        jtfPass = new JPasswordField();
        jtfPhon = new JTextField();
```

```
jrbMan = new JRadioButton("男");
jrbWoman = new JRadioButton("女");
ButtonGroup bg = new ButtonGroup();
bg.add(jrbMan);
bg.add(jrbWoman);
comBox = new JComboBox(um.getTypes());
jtfName.addFocusListener(this);
jtfPass.addFocusListener(this);
jtfPhon.addFocusListener(this);
box1 = Box.createVerticalBox();
box1.add(jlID);
box1.add(Box.createVerticalStrut(15));
box1.add(jlName);
box1.add(Box.createVerticalStrut(15));
box1.add(jlPass);
box1.add(Box.createVerticalStrut(15));
box1.add(jlPhone);
box1.add(Box.createVerticalStrut(18));
box1.add(jlSex);
box1.add(Box.createVerticalStrut(18));
box1.add(jlType);
box2 = Box.createVerticalBox();
box2.add(jtfID);
box2.add(Box.createVerticalStrut(10));
box2.add(jtfName);
box2.add(Box.createVerticalStrut(10));
box2.add(jtfPass);
box2.add(Box.createVerticalStrut(10));
box2.add(jtfPhon);
box2.add(Box.createVerticalStrut(12));
Box boxSex = Box.createHorizontalBox();
boxSex.add(jrbMan);
boxSex.add(Box.createHorizontalStrut(50));
boxSex.add(jrbWoman);
box2.add(boxSex);
box2.add(Box.createVerticalStrut(12));
box2.add(comBox);
box3 = Box.createVerticalBox();
box3.add(jl1);
box3.add(Box.createVerticalStrut(15));
box3.add(jl2);
box3.add(Box.createVerticalStrut(15));
box3.add(jl3);
box3.add(Box.createVerticalStrut(15));
box3.add(jl4);
box3.add(Box.createVerticalStrut(15));
box3.add(jl5);
box3.add(Box.createVerticalStrut(20));
box3.add(jl6);
boxBase = Box.createHorizontalBox();
```

```
        boxBase.add(box1);
        boxBase.add(box2);
        boxBase.setBounds(150, 80, 250, 180);
        add(boxBase);
        box3.setBounds(405, 80, 250, 200);
        add(box3);
        jbSubmit.setBounds(230, 275, 70, 30);
        add(jbSubmit);
        jbReset.setBounds(310, 275, 70, 30);
        add(jbReset);
        setBackground(Color.white);
        setLayout(null);
    }
    @Override
    public void actionPerformed(ActionEvent e) {
        if (e.getSource() == jbReset) {
            init();
        }
        if (e.getSource() == jbSubmit) {
            if (jtfName.getText().equals("") || jtfPass.getText().equals("") ||
jtfPhon.getText().equals("")) {
                JOptionPane.showMessageDialog(null, "必填项不能为空!");
            } else {
                User user = new User();
                user.setUserId(Integer.valueOf(jtfID.getText()));
                user.setUserName(jtfName.getText());
                user.setPassword(jtfPass.getText());
                user.setPhone(jtfPhon.getText());
                String sex;
                if (jrbMan.isSelected()) {
                    sex = jrbMan.getText();
                } else {
                    sex = jrbWoman.getText();
                }
                user.setSex(sex);
                user.setType((String) comBox.getSelectedItem());
                um.updateUser(user);
                init();
            }
        }
    }
    @Override
    public void focusGained(FocusEvent e) {
    }
    @Override
    public void focusLost(FocusEvent e) {
        if (e.getSource() == jtfName) {
            if (jtfName.getText().equals("")) {
                jl2.setText("* 用户名不可以为空");
            } else {
```

```
                String name = jtfName.getText();
                if (um.isExist(name)) {
                    jl2.setText("*");
                    User user = (User)(um.getUsersByName(name)).get(0);
                    jtfID.setText(String.valueOf(user.getUserId()));
                    jtfName.setText(user.getUserName());
                    jtfPass.setText(user.getPassword());
                    jtfPhon.setText(user.getPhone());
                    String sex = user.getSex();
                    if ("男".equals(sex)) {
                        jrbMan.setSelected(true);
                    } else {
                        jrbWoman.setSelected(true);
                    }
                    String role = user.getType();
                    if ("管理员".equals(role)) {
                        comBox.setSelectedIndex(1);
                    } else {
                        comBox.setSelectedIndex(0);
                    }
                    jtfName.setEditable(false);
                } else {
                    jl2.setText("* 该用户不存在");
                }
            }
        }
        if (e.getSource() == jtfPass) {
            String pwd = jtfPass.getText();
            if (pwd.equals("")) {
                jl3.setText("* 密码不可以为空");
            } else {
                boolean flag = pwd.matches("^(?![0-9]+$)(?![a-zA-Z]+$)[0-9A-
Za-z]{6,16}$");
                if (flag) {
                    jl3.setText("*");
                } else {
                    jl3.setText("* 密码需为 6~16 位数字和字母的组合");
                }
            }
        }
        if (e.getSource() == jtfPhon) {
            String phone = jtfPhon.getText();
            if (phone.equals("")) {
                jl4.setText("* 联系方式不可以为空");
            } else {
                boolean flag = phone.matches("^((13[0-9])|(14[5|7])|(15([0-3]|
[5-9]))|(18[0,5-9]))\\d{8}$");
                if (flag) {
                    jl4.setText("*");
                } else {
```

```
                    jl4.setText("* 请输入正确的联系方式格式");
                }
            }
        }
    }
    public void init() {
        jtfID.setEditable(false);
        jtfID.setText("");
        jtfName.setEditable(true);
        jtfName.setText("");
        jtfPass.setText("");
        jtfPhon.setText("");
        jrbMan.setSelected(true);
        comBox.setSelectedIndex(0);
        jl1.setText(" ");
        jl2.setText("* ");
        jl3.setText("");
        jl4.setText("");
        jl5.setText("");
        jl6.setText("");
    }
}
```

查询用户信息界面类 SeekUserJPanel：

```
public class SeekUserJPanel extends JPanel implements ActionListener {
    JTable jt;
    JLabel jl, jl1, jlName;
    JTextField jtfName;
    JComboBox comBox;
    JButton jbSeek;
    JScrollPane js;
    public SeekUserJPanel() {
        jl = new JLabel("查询用户信息");
        jl.setFont(new Font("宋体", Font.BOLD, 25));
        jl.setForeground(Color.blue);
        jl.setBounds(220, 0, 200, 60);
        add(jl);
        jl1 = new JLabel("查询方式：");
        jl1.setBounds(50, 70, 70, 25);
        add(jl1);
        comBox = new JComboBox();
        comBox.addItem("根据用户名");
        comBox.addItem("查询全部");
        comBox.setBounds(120, 70, 100, 25);
        comBox.addActionListener(this);
        add(comBox);
        jlName = new JLabel("用户名：");
        jlName.setBounds(240, 70, 100, 25);
```

```
        add(jlName);
        jtfName = new JTextField();
        jtfName.setBounds(290, 70, 150, 25);
        add(jtfName);
        jbSeek = new JButton("查询");
        jbSeek.addActionListener(this);
        jbSeek.setBounds(450, 68, 70, 30);
        add(jbSeek);
        jt = new JTable(new UserTableModel());
        js = new JScrollPane(jt);
        js.setBounds(20, 120, 550, 240);
        add(js);
        setBackground(Color.white);
        setLayout(null);
    }
    @Override
    public void actionPerformed(ActionEvent e) {
        if (e.getSource() == comBox) {
            if (comBox.getSelectedIndex() == 0) {
                jtfName.setEditable(true);
            }
            if (comBox.getSelectedIndex() == 1) {
                jtfName.setText("");
                jtfName.setEditable(false);
            }
        }
        if (e.getSource() == jbSeek) {
            if (comBox.getSelectedIndex() == 0 && jtfName.getText().equals("")) {
                JOptionPane.showMessageDialog(null, "必填项不能为空!");
            } else {
                jt.setModel(new UserTableModel(jtfName.getText()));
            }
        }
    }
    public void init() {
        jtfName.setText("");
        comBox.setSelectedIndex(0);
        jt.setModel(new UserTableModel());
    }
}
```

17.2.4 收支信息管理模块设计

1. 功能描述与分析

收支信息管理模块实现家庭财务中财务的收支操作，是家庭财务管理系统中的核心功能，实现用户对收入情况的录入操作，记录着用户收入的相关信息，如收入发生的时间和金额等，同时能查询家庭财务中所有的收支情况，实现用户对支出的录入操作，支出的记录信息与收入的记录信息类似。

2. 建立数据库表

收支信息管理模块涉及收支信息表 balance 和收支类型信息表 balance_type，其中收支信息表结构如表 17-2 所示，收支类型信息表如表 17-3 所示。

表 17-2 收支信息表结构

字段名称	含义	数据类型	长度	是否主键
id	收支编号	int	11	是
balance_name	收支名称	varchar	255	
type_id	类型 id	int	11	
balance_money	交易金额	double	20	
balance_time	交易时间	varchar	255	
user_id	交易用户	int	11	
balance_note	备注信息	varchar	255	

表 17-3 收支类型信息表

字段名称	含义	数据类型	长度	是否主键
id	收支类型编号	int	11	是
type_name	收支类型名称	varchar	255	
remark	备注信息	varchar	255	

3. 界面设计分析

用户使用收支信息管理界面，可以实现对收支信息的添加、删除、修改、查询操作，如图 17-41 所示。单击“添加信息”选项可以对收支信息进行添加，如图 17-42 所示，其中收支

图 17-41 “收支信息管理”界面

图 17-42 “添加收支记录信息”界面

编号根据添加顺序自动生成，然后选择收支名称，是收入还是支出。用户选定收支名称后再选择收支类型，没有的可以选择其他，再填入相应的交易金额、交易时间。交易时间默认为系统当前时间，但是可以根据实际发生时间进行修改，之后根据用户信息表中的用户信息选择交易用户。这些数据都是必须填写的数据，最后一项备注信息是可以选填的，填好以后单击“添加”按钮即可完成对收支信息的添加。

删除收支记录信息的功能如图 17-43 所示，删除信息是根据收支编号进行操作的。删除信息时，要提示用户是否确认要删除，如图 17-44 所示，用户确认后再完成信息删除。删除收支记录信息成功后，提示用户删除成功，如图 17-45 所示。

图 17-43 “删除收支记录信息”界面

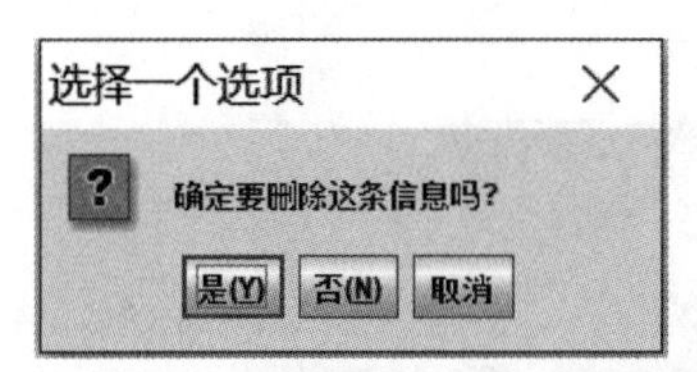

图 17-44　是否确认要删除收支记录的提示信息

图 17-45　删除成功的提示信息

修改收支记录信息首先要填写收支编号。填写完收支编号并将光标移出输入框后就会根据填写的编号搜索信息,如果没有所填编号则给出提示,如图 17-46 所示;如果有则会自动补全信息,如图 17-47 所示,然后对需要修改的地方进行修改即可。

图 17-46　编号不存在的提示信息

图 17-47　编号存在的提示信息

查询收支记录信息的功能如图 17-48 所示，查询的方式有两种：一种是根据收支编号；另一种是查询全部。根据收支编号查询后会将符合要求的记录显示在界面中，选择查询全部会显示所有的记录，如图 17-49 所示。

图 17-48 “查询收支记录信息”界面

图 17-49 查询全部收支记录所得结果

4. 分析设计相关类

收支信息管理操作中涉及的主要类及类间关系，用 UML 图描述如图 17-50～图 17-60 所示。

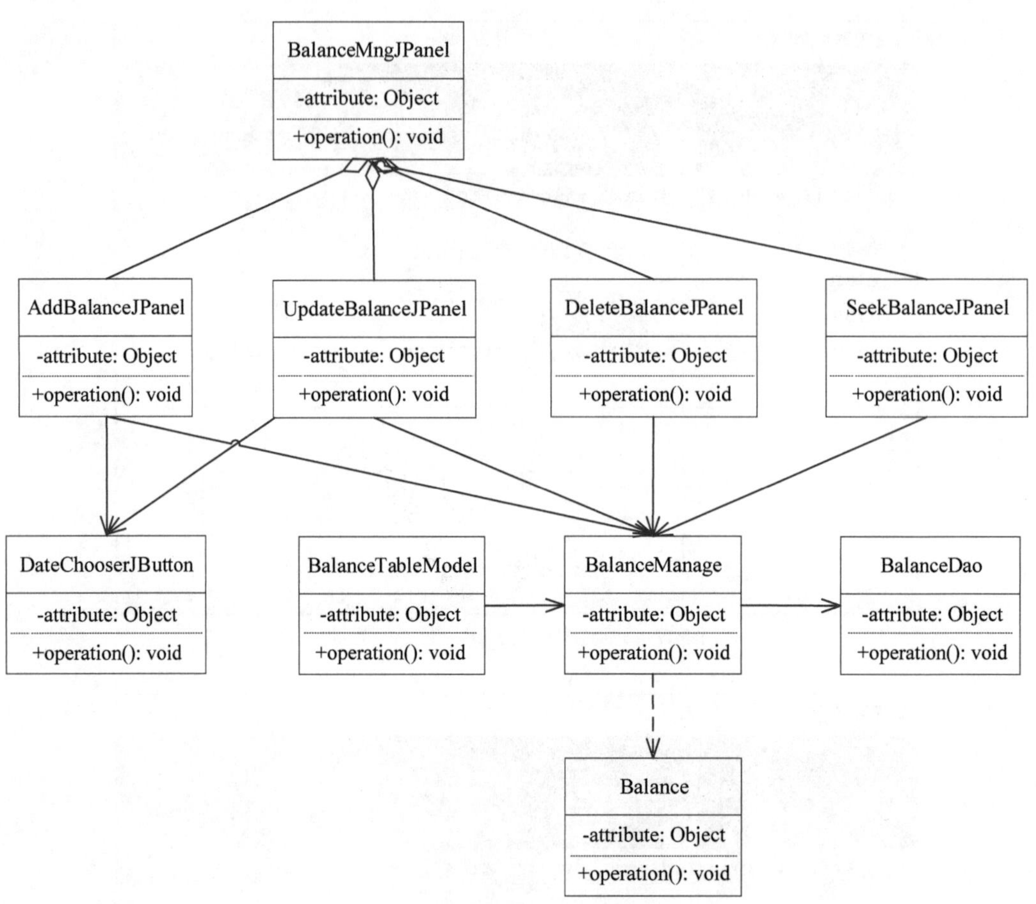

图 17-50 收支信息管理相关类间 UML 图

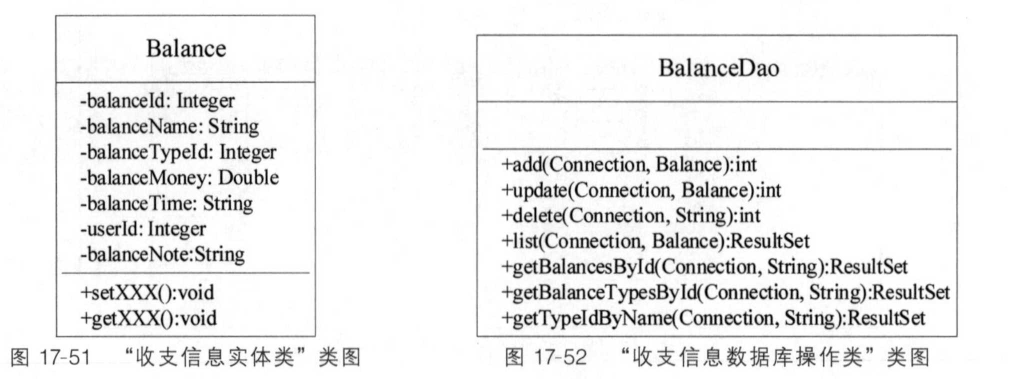

图 17-51 “收支信息实体类”类图

图 17-52 “收支信息数据库操作类”类图

BalanceManage
-balanceDao:BalanceDao -jop: JOptionPan
+addBalance(Balance):void +deleteBalance(String):void +updateBalance(Balance):void +getBalancesById(String):List +getBalanceNames():String[] +getTypesById(String):String[] +getTypeIdMapById(String):HashMap +getTypeIdByName(String):int +isExist(String):boolean

图 17-53 “收支信息管理业务类”类图

BalanceTableModel
-bm:BalanceManage
-BalanceTableModel() -BalanceTableModel(String)

图 17-54 “收支信息表模型类”类图

BalanceMngJPanel
-jpLeft: JPanel -addBalance, updateBalance: JButton -deleteBalance, seekBalance: JButton -abj:AddBalanceJPanel -dbj:DeleteBalanceJPanel -ubj:UpdateBalanceJPanel -sbj:SeekBalanceJPanel
+BalanceMngJPanel() +actionPerformed(ActionEvent):void

图 17-55 “收支信息管理界面类”类图

DateChooserJButton
-dateChooser:DateChooser -preLabel:String -originalText:String -sdf:SimpleDateFormat
+DateChooserJButton() +DateChooserJButton(String) +DateChooserJButton(SimpleDateFormat,String) +DateChooserJButton(Date) +DateChooserJButton(String,Date) +getNowDate():Date +getDefaultDateFormat():SimpleDateFormat +getCurrentSimpleDateFormat():SimpleDateFormat +initOriginalText(String):void +initOriginalText(Date):void +getOriginalText():String +setText(String):void +setText(SimpleDateFormat,String):void +setDate(Date):void +getDate():Date +addActionListener(ActionListener):void

图 17-56 “日期时间选择按钮类”类图

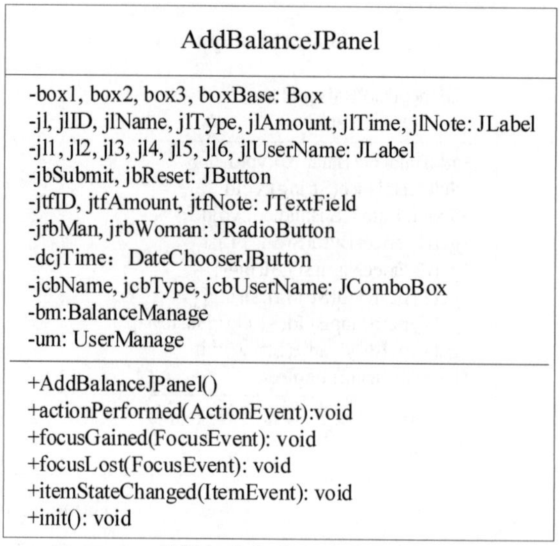

AddBalanceJPanel
-box1, box2, box3, boxBase: Box -jl, jlID, jlName, jlType, jlAmount, jlTime, jlNote: JLabel -jl1, jl2, jl3, jl4, jl5, jl6, jlUserName: JLabel -jbSubmit, jbReset: JButton -jtfID, jtfAmount, jtfNote: JTextField -jrbMan, jrbWoman: JRadioButton -dcjTime：DateChooserJButton -jcbName, jcbType, jcbUserName: JComboBox -bm:BalanceManage -um: UserManage
+AddBalanceJPanel() +actionPerformed(ActionEvent):void +focusGained(FocusEvent): void +focusLost(FocusEvent): void +itemStateChanged(ItemEvent): void +init(): void

图 17-57　“添加收支信息记录界面类”类图

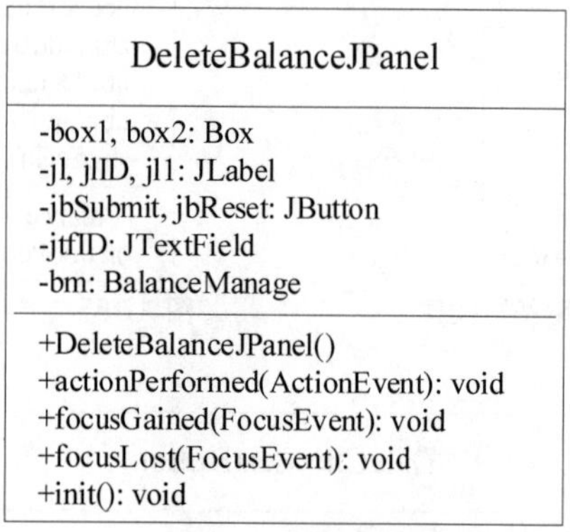

DeleteBalanceJPanel
-box1, box2: Box -jl, jlID, jl1: JLabel -jbSubmit, jbReset: JButton -jtfID: JTextField -bm: BalanceManage
+DeleteBalanceJPanel() +actionPerformed(ActionEvent): void +focusGained(FocusEvent): void +focusLost(FocusEvent): void +init(): void

图 17-58　“删除收支信息记录界面类”类图

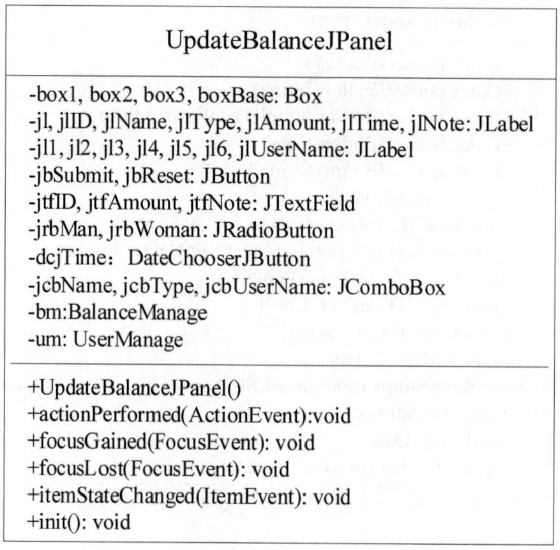

UpdateBalanceJPanel
-box1, box2, box3, boxBase: Box -jl, jlID, jlName, jlType, jlAmount, jlTime, jlNote: JLabel -jl1, jl2, jl3, jl4, jl5, jl6, jlUserName: JLabel -jbSubmit, jbReset: JButton -jtfID, jtfAmount, jtfNote: JTextField -jrbMan, jrbWoman: JRadioButton -dcjTime：DateChooserJButton -jcbName, jcbType, jcbUserName: JComboBox -bm:BalanceManage -um: UserManage
+UpdateBalanceJPanel() +actionPerformed(ActionEvent):void +focusGained(FocusEvent): void +focusLost(FocusEvent): void +itemStateChanged(ItemEvent): void +init(): void

图 17-59　“修改收支信息记录界面类”类图

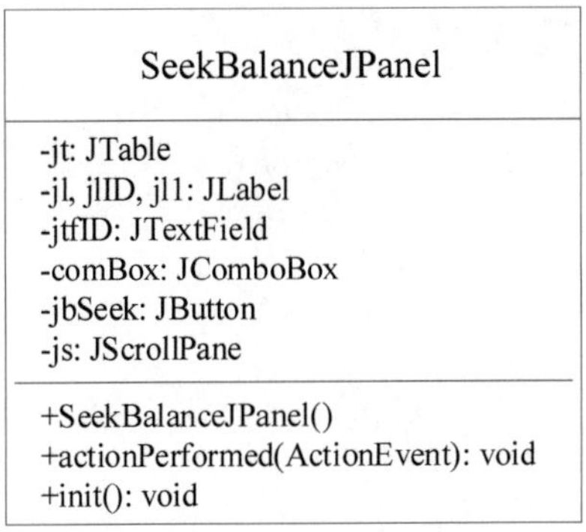

```
SeekBalanceJPanel
-jt: JTable
-jl, jlID, jl1: JLabel
-jtfID: JTextField
-comBox: JComboBox
-jbSeek: JButton
-js: JScrollPane
+SeekBalanceJPanel()
+actionPerformed(ActionEvent): void
+init(): void
```

图 17-60 “查询收支信息记录界面类”类图

5. 相关类主要代码

该模块设计涉及类的主要代码如下,详见附带代码。

收支信息实体类 Balance:

```
public class Balance {
    private Integer balanceId;
    private String balanceName;                    // "收入""支出"
    private Integer balanceTypeId;
    private Double balanceMoney;
    private String balanceTime;
    private Integer userId;
    private String balanceNote;
    public Integer getBalanceId() {
        return balanceId;
    }
    public void setBalanceId(Integer balanceId) {
        this.balanceId = balanceId;
    }
    public Integer getBalanceTypeId() {
        return balanceTypeId;
    }
    public void setBalanceTypeId(Integer balanceTypeId) {
        this.balanceTypeId = balanceTypeId;
    }
    public String getBalanceName() {
        return balanceName;
    }
    public void setBalanceName(String balanceName) {
        this.balanceName = balanceName;
    }
    public Double getBalanceMoney() {
        return balanceMoney;
    }
    public void setBalanceMoney(Double balanceMoney) {
        this.balanceMoney = balanceMoney;
    }
```

```
    public String getBalanceTime() {
        return balanceTime;
    }
    public void setBalanceTime(String balanceTime) {
        this.balanceTime = balanceTime;
    }
    public Integer getUserId() {
        return userId;
    }
    public void setUserId(Integer userId) {
        this.userId = userId;
    }
    public String getBalanceNote() {
        return balanceNote;
    }
    public void setBalanceNote(String balanceNote) {
        this.balanceNote = balanceNote;
    }
}
```

收支信息数据库操作类 BalanceDao：

```
public class BalanceDao {
    //收支信息添加
    public int add(Connection con, Balance balance) throws Exception{
        String sql="insert into balance (balance_name,type_id,balance_money,
balance_time,user_id,balance_note) values(?,?,?,?,?,?)";
        PreparedStatement pstmt=(PreparedStatement) con.prepareStatement(sql);
        pstmt.setString(1, balance.getBalanceName());
        pstmt.setInt(2, balance.getBalanceTypeId());
        pstmt.setDouble(3, balance.getBalanceMoney());
        pstmt.setString(4, balance.getBalanceTime());
        pstmt.setInt(5, balance.getUserId());
        pstmt.setString(6, balance.getBalanceNote());
        return pstmt.executeUpdate();
    }
    //收支信息删除
    public int delete(Connection con,String id) throws Exception{
        String sql="delete from balance where id=?";
        PreparedStatement pstmt=(PreparedStatement) con.prepareStatement(sql);
        pstmt.setString(1, id);
        return pstmt.executeUpdate();
    }
    //收支信息修改
    public int update(Connection con,Balance balance) throws Exception{
        String sql="update balance set balance_name=?,type_id=?,balance_
money=?,balance_time=?,user_id=?,balance_note=? where id=?";
        PreparedStatement pstmt=(PreparedStatement) con.prepareStatement(sql);
        pstmt.setString(1, balance.getBalanceName());
```

```
        pstmt.setInt(2, balance.getBalanceTypeId());
        pstmt.setDouble(3, balance.getBalanceMoney());
        pstmt.setString(4, balance.getBalanceTime());
        pstmt.setInt(5, balance.getUserId());
        pstmt.setString(6, balance.getBalanceNote());
        pstmt.setInt(7, balance.getBalanceId());
        return pstmt.executeUpdate();
    }
    public ResultSet getBalancesById(Connection con, String id) throws
Exception {
        String sql;
        PreparedStatement pstmt;
        if (id == null || "".equals(id)) {
            sql = "select * from balance";
            pstmt= (PreparedStatement) con.prepareStatement(sql);
        } else {
            sql = "select * from balance where id=? ";
            pstmt= (PreparedStatement) con.prepareStatement(sql);
            pstmt.setString(1, id);
        }
        return pstmt.executeQuery();
    }
}
```

收支信息管理业务类 BalanceManage：

```
public class BalanceManage {
    JOptionPane jop = new JOptionPane();
    BalanceDao balanceDao = new BalanceDao();
    //添加用户
    public void addBalance(Balance balance) {
        int row = 0;
        Connection con = DbUtil.getConnection();
        try {
            row = balanceDao.add(con, balance);
        } catch (Exception e) {
            e.printStackTrace();
        } finally {
            try {
                con.close();
            } catch (Exception e) {
                e.printStackTrace();
            }
        }
        if (row > 0) {
            JOptionPane.showMessageDialog(jop, "添加成功!");
        } else {
            JOptionPane.showMessageDialog(jop, "添加失败!");
        }
```

```
    }
    //删除用户
    public void deleteBalance(String id) {
        int row = 0;
        Connection con = DbUtil.getConnection();
        try {
            row = balanceDao.delete(con, id);
        } catch (Exception e) {
            e.printStackTrace();
        } finally {
            try {
                con.close();
            } catch (Exception e) {
                e.printStackTrace();
            }
        }
        if (row > 0) {
            JOptionPane.showMessageDialog(jop, "删除成功!");
        } else {
            JOptionPane.showMessageDialog(jop, "删除失败!");
        }
    }
    //修改用户
    public void updateBalance(Balance balance) {
        int row = 0;
        Connection con = DbUtil.getConnection();
        try {
            row = balanceDao.update(con, balance);
        } catch (Exception e) {
            e.printStackTrace();
        } finally {
            try {
                con.close();
            } catch (Exception e) {
                e.printStackTrace();
            }
        }
        if (row > 0) {
            JOptionPane.showMessageDialog(jop, "修改成功!");
        } else {
            JOptionPane.showMessageDialog(jop, "修改失败!");
        }
    }
    //根据传过来的 id 返回查询结果
    public List getBalancesById(String id) {
        List list = new ArrayList();
        Balance balance;
        Connection con = DbUtil.getConnection();
        try {
```

```
            ResultSet rs = balanceDao.getBalancesById(con, id);
            while (rs.next()) {
                balance = new Balance();
                balance.setBalanceId(rs.getInt("id"));
                balance.setBalanceName(rs.getString("balance_name"));
                balance.setBalanceTypeId(rs.getInt("type_id"));
                balance.setBalanceMoney(rs.getDouble("balance_money"));
                balance.setBalanceTime(rs.getString("balance_time"));
                balance.setUserId(rs.getInt("user_id"));
                balance.setBalanceNote(rs.getString("balance_note"));
                list.add(balance);
            }
        } catch (Exception e) {
            e.printStackTrace();
        } finally {
            try {
                con.close();
            } catch (Exception e) {
                e.printStackTrace();
            }
        }
        return list;
    }
    //查询收支名称
    public String[] getBalanceNames() {
        String[] items = {"收入", "支出"};
        return items;
    }
    public boolean isExist(String id) {
        Connection con = DbUtil.getConnection();
        try {
            ResultSet rs = balanceDao.getBalancesById(con, id);
            if (rs.next()) {
                return true;
            }
        } catch (Exception e) {
            e.printStackTrace();
        } finally {
            try {
                con.close();
            } catch (Exception e) {
                e.printStackTrace();
            }
        }
        return false;
    }
}
```

收支信息表模型类 BalanceTableModel：

```
public class BalanceTableModel extends DefaultTableModel {
    BalanceTypeManage btm = new BalanceTypeManage();
    List list = new ArrayList();
    public BalanceTableModel() {
        Object[] title = {"收支编号", "收支名称", "收支类型", "交易金额", "交易时
间", "交易用户", "备注信息"};
        Object[][] date = new Object[15][7];
        super.setDataVector(date, title);
    }
    public BalanceTableModel(String id) {
        BalanceManage bm = new BalanceManage();
        UserManage um = new UserManage();
        Object[] title = {"收支编号", "收支名称", "收支类型", "交易金额", "交易时
间", "交易用户", "备注信息"};
        HashMap mapUser = um.getUserNameIdMapById(null);
        HashMap mapType = btm.getTypeIdMapById(null);
        String uId, tId;
        list = bm.getBalancesById(id);
        Object[][] date = new Object[list.size() + 5][7];
        for (int i = 0; i < list.size(); i++) {
            date[i][0] = ((Balance) list.get(i)).getBalanceId();
            date[i][1] = ((Balance) list.get(i)).getBalanceName();
            tId = String.valueOf(((Balance) list.get(i)).getBalanceTypeId());
            date[i][2] = mapType.get(tId);
            date[i][3] = ((Balance) list.get(i)).getBalanceMoney();
            date[i][4] = ((Balance) list.get(i)).getBalanceTime();
            uId = String.valueOf(((Balance) list.get(i)).getUserId());
            date[i][5] = mapUser.get(uId);
            date[i][6] = ((Balance) list.get(i)).getBalanceNote();
        }
        super.setDataVector(date, title);
    }
}
```

收支信息管理界面类 BalanceMngJPanel：

```
public class BalanceMngJPanel extends JPanel implements ActionListener {
    JPanel jpLeft;
    JButton addBalance, updateBalance, deleteBalance, seekBalance;
    public static AddBalanceJPanel abj = new AddBalanceJPanel();
    public static DeleteBalanceJPanel dbj = new DeleteBalanceJPanel();
    public static UpdateBalanceJPanel ubj = new UpdateBalanceJPanel();
    public static SeekBalanceJPanel sbj = new SeekBalanceJPanel();
    public BalanceMngJPanel() {
        abj.setVisible(false);
        dbj.setVisible(false);
        ubj.setVisible(false);
        sbj.setVisible(false);
        setLayout(null);
```

```
        jpLeft = new JPanel();
        addBalance = new JButton("添加信息");
        addBalance.addActionListener(this);
        deleteBalance = new JButton("删除信息");
        deleteBalance.addActionListener(this);
        updateBalance = new JButton("修改信息");
        updateBalance.addActionListener(this);
        seekBalance = new JButton("查询信息");
        seekBalance.addActionListener(this);
        jpLeft.add(Box.createHorizontalStrut(10));
        jpLeft.add(addBalance);
        jpLeft.add(Box.createHorizontalStrut(10));
        jpLeft.add(Box.createHorizontalStrut(10));
        jpLeft.add(Box.createHorizontalStrut(10));
        jpLeft.add(deleteBalance);
        jpLeft.add(Box.createHorizontalStrut(10));
        jpLeft.add(Box.createHorizontalStrut(10));
        jpLeft.add(Box.createHorizontalStrut(10));
        jpLeft.add(updateBalance);
        jpLeft.add(Box.createHorizontalStrut(10));
        jpLeft.add(Box.createHorizontalStrut(10));
        jpLeft.add(Box.createHorizontalStrut(10));
        jpLeft.add(seekBalance);
        jpLeft.setBounds(15, 15, 100, 370);
        jpLeft.setBackground(Color.white);
        add(jpLeft);
        abj.setBounds(130, 15, 685, 370);
        add(abj);
        ubj.setBounds(130, 15, 685, 370);
        add(ubj);
        dbj.setBounds(130, 15, 685, 370);
        add(dbj);
        sbj.setBounds(130, 15, 685, 370);
        add(sbj);
    }
    @Override
    public void actionPerformed(ActionEvent e) {
        if (e.getSource() == addBalance) {
            MainInterface.jp.setVisible(false);
            abj.setVisible(true);
            dbj.setVisible(false);
            ubj.setVisible(false);
            sbj.setVisible(false);
            abj.init();
        }
        if (e.getSource() == deleteBalance) {
            MainInterface.jp.setVisible(false);
            abj.setVisible(false);
            dbj.setVisible(true);
```

```
            ubj.setVisible(false);
            sbj.setVisible(false);
            dbj.init();
        }
        if (e.getSource() == updateBalance) {
            MainInterface.jp.setVisible(false);
            abj.setVisible(false);
            dbj.setVisible(false);
            ubj.setVisible(true);
            sbj.setVisible(false);
            ubj.init();
        }
        if (e.getSource() == seekBalance) {
            MainInterface.jp.setVisible(false);
            abj.setVisible(false);
            dbj.setVisible(false);
            ubj.setVisible(false);
            sbj.setVisible(true);
            sbj.init();
        }
    }
}
```

添加收支信息记录界面类 AddBalanceJPanel：

```
public class AddBalanceJPanel extends JPanel implements ActionListener,
FocusListener, ItemListener {
    Box box1, box2, box3, boxBase;
    JLabel jl, jlID, jlName, jlType, jlAmount, jlTime, jlUserName, jlNote, jl1,
jl2, jl3, jl4, jl5, jl6;
    JButton jbSubmit, jbReset;
    JTextField jtfID, jtfAmount, jtfNote;
    DateChooserJButton dcjTime;
    JComboBox jcbName, jcbType, jcbUserName;
    BalanceManage bm = new BalanceManage();
    BalanceTypeManage btm = new BalanceTypeManage();
    UserManage um = new UserManage();
    public AddBalanceJPanel() {
        jl1 = new JLabel(" ");
        jl1.setForeground(Color.red);
        jl2 = new JLabel("* ");
        jl2.setForeground(Color.red);
        jl3 = new JLabel("* ");
        jl3.setForeground(Color.red);
        jl4 = new JLabel("* ");
        jl4.setForeground(Color.red);
        jl5 = new JLabel("* ");
        jl5.setForeground(Color.red);
```

```
jl6 = new JLabel("*");
jl6.setForeground(Color.red);
jl = new JLabel("添加收支记录信息");
jl.setFont(new Font("宋体", Font.BOLD, 25));
jl.setForeground(Color.blue);
jl.setBounds(180, 10, 220, 80);
add(jl);
jlID = new JLabel("收支编号: ");
jlName = new JLabel("收支名称: ");
jlType = new JLabel("收支类型: ");
jlAmount = new JLabel("交易金额: ");
jlTime = new JLabel("交易时间: ");
jlUserName = new JLabel("交易用户: ");
jlNote = new JLabel("备注信息: ");
jbSubmit = new JButton("添加");
jbReset = new JButton("重置");
jbSubmit.addActionListener(this);
jbReset.addActionListener(this);
jtfID = new JTextField();
jcbName = new JComboBox(bm.getBalanceNames());
jcbName.addItemListener(this);
jcbType = new JComboBox(btm.getTypesById(null));
jtfAmount = new JTextField();
dcjTime = new DateChooserJButton();
jcbUserName = new JComboBox(um.getUserNamesById(null));
jtfNote = new JTextField();
jtfAmount.addFocusListener(this);
box1 = Box.createVerticalBox();
box1.add(jlID);
box1.add(Box.createVerticalStrut(20));
box1.add(jlName);
box1.add(Box.createVerticalStrut(20));
box1.add(jlType);
box1.add(Box.createVerticalStrut(20));
box1.add(jlAmount);
box1.add(Box.createVerticalStrut(20));
box1.add(jlTime);
box1.add(Box.createVerticalStrut(18));
box1.add(jlUserName);
box1.add(Box.createVerticalStrut(18));
box1.add(jlNote);
box2 = Box.createVerticalBox();
box2.add(jtfID);
box2.add(Box.createVerticalStrut(8));
box2.add(jcbName);
box2.add(Box.createVerticalStrut(8));
box2.add(jcbType);
box2.add(Box.createVerticalStrut(8));
box2.add(jtfAmount);
box2.add(Box.createVerticalStrut(8));
```

```
        box2.add(dcjTime);
        box2.add(Box.createVerticalStrut(8));
        box2.add(jcbUserName);
        box2.add(Box.createVerticalStrut(8));
        box2.add(jtfNote);
        box3 = Box.createVerticalBox();
        box3.add(Box.createVerticalStrut(10));
        box3.add(jl1);
        box3.add(Box.createVerticalStrut(20));
        box3.add(jl2);
        box3.add(Box.createVerticalStrut(20));
        box3.add(jl3);
        box3.add(Box.createVerticalStrut(20));
        box3.add(jl4);
        box3.add(Box.createVerticalStrut(20));
        box3.add(jl5);
        box3.add(Box.createVerticalStrut(20));
        box3.add(jl6);
        boxBase = Box.createHorizontalBox();
        boxBase.add(box1);
        boxBase.add(box2);
        boxBase.setBounds(150, 80, 250, 250);
        add(boxBase);
        box3.setBounds(405, 80, 250, 200);
        add(box3);
        jbSubmit.setBounds(230, 335, 70, 30);
        add(jbSubmit);
        jbReset.setBounds(310, 335, 70, 30);
        add(jbReset);
        setBackground(Color.white);
        setLayout(null);
    }
    @Override
    public void actionPerformed(ActionEvent e) {
        if (e.getSource() == jbReset) {
            init();
        }
        if (e.getSource() == jbSubmit) {
            if (jtfAmount.getText().equals("")) {
                JOptionPane.showMessageDialog(null, "必填项不能为空！");
            } else {
                Balance balance = new Balance();
                balance.setBalanceName((String) jcbName.getSelectedItem());
                String type = (String) jcbType.getSelectedItem();
                balance.setBalanceTypeId(btm.getTypeIdByName(type));
                balance.setBalanceMoney(Double.valueOf(jtfAmount.getText()));
                balance.setBalanceTime(dcjTime.getText());
                String userName = (String) jcbUserName.getSelectedItem();
                balance.setUserId(um.getUserIdByName(userName));
                balance.setBalanceNote(jtfNote.getText());
```

```
                bm.addBalance(balance);
                init();
            }
        }
    }
    @Override
    public void focusGained(FocusEvent e) {
    }
    @Override
    public void focusLost(FocusEvent e) {
        if (e.getSource() == jtfAmount) {
            String amount = jtfAmount.getText();
            if (amount.equals("")) {
                jl4.setText("* 交易金额不可以为空");
            } else {
                double money = Double.parseDouble(amount);
                String name = (String) jcbName.getSelectedItem();
                if ("支出".equals(name) && money>0){
                    jl4.setText("* 支出的交易金额请设置为负数");
                } else if("收入".equals(name) && money<0){
                    jl4.setText("* 收入的交易金额请设置为正数");
                } else {
                    jl4.setText("*");
                }
                jl2.setText("*");
            }
        }
    }
    public void init() {
        jtfID.setEditable(false);
        jcbName.setSelectedIndex(0);
        jcbType.setSelectedIndex(0);
        jtfAmount.setText("");
        dcjTime.setText("");
        jcbUserName.setSelectedIndex(0);
        jtfNote.setText("");
        jl1.setText(" ");
        jl2.setText("*");
        jl3.setText("*");
        jl4.setText("*");
        jl5.setText("*");
        jl6.setText("*");
    }
    @Override
    public void itemStateChanged(ItemEvent e) {
        if (e.getSource() == jcbName) {
            String name = (String) jcbName.getSelectedItem();
            String amount = jtfAmount.getText();
            if (!amount.equals("")) {
                double money = Double.parseDouble(amount);
```

```
                if ("支出".equals(name) && money>0){
                    jl2.setText("* 支出的交易金额请修改为负数");
                } else if("收入".equals(name) && money<0){
                    jl2.setText("* 收入的交易金额请修改为正数");
                } else {
                    jl2.setText("*");
                }
                jl4.setText("*");
            } else {
                jl2.setText("*");
            }
        }
    }
}
```

删除收支信息记录界面类 DeleteBalanceJPanel：

```
public class DeleteBalanceJPanel extends JPanel implements ActionListener,
FocusListener {
    Box box1, box2;
    JLabel jl, jlID, jl1;
    JButton jbSubmit, jbReset;
    JTextField jtfID;
    BalanceManage bm = new BalanceManage();
    public DeleteBalanceJPanel() {
        jl1 = new JLabel("*");
        jl1.setForeground(Color.red);
        jl = new JLabel("删除收支记录信息");
        jl.setFont(new Font("宋体", Font.BOLD, 25));
        jl.setForeground(Color.blue);
        jl.setBounds(180, 10, 220, 80);
        add(jl);
        jlID = new JLabel("收支编号:");
        jbSubmit = new JButton("删除");
        jbReset = new JButton("重置");
        jbSubmit.addActionListener(this);
        jbReset.addActionListener(this);
        jtfID = new JTextField();
        jtfID.addFocusListener(this);
        box1 = Box.createHorizontalBox();
        box1.add(jlID);
        box1.add(Box.createHorizontalStrut(10));
        box1.add(jtfID);
        box2 = Box.createVerticalBox();
        box2.add(jl1);
        box1.setBounds(150, 80, 250, 20);
        add(box1);
        box2.setBounds(405, 80, 250, 142);
        add(box2);
```

```
        jbSubmit.setBounds(230, 120, 70, 30);
        add(jbSubmit);
        jbReset.setBounds(310, 120, 70, 30);
        add(jbReset);
        setBackground(Color.white);
        setLayout(null);
    }
    @Override
    public void actionPerformed(ActionEvent e) {
        if (e.getSource() == jbReset) {
            init();
        }
        if (e.getSource() == jbSubmit) {
            if (jtfID.getText().equals("")) {
                jl1.setText("* 收支编号不可以为空");
            } else {
                if (bm.isExist(jtfID.getText())) {
                    jl1.setText("* ");
                    int i = JOptionPane.showConfirmDialog(null, "确定要删除这条信
息吗?");
                    if (i==0) {
                        bm.deleteBalance(jtfID.getText());
                        init();
                    }
                } else {
                    jl1.setText("* 不存在此收支编号信息");
                }
            }
        }
    }
    @Override
    public void focusGained(FocusEvent e) { }
    @Override
    public void focusLost(FocusEvent e) {
        if (e.getSource() == jtfID) {
            if (jtfID.getText().equals("")) {
                jl1.setText("* 收支编号不可以为空");
            } else {
                if (bm.isExist(jtfID.getText())) {
                    jl1.setText("* ");
                } else {
                    jl1.setText("* 不存在此收支编号信息");
                }
            }
        }
    }
    public void init() {
        jtfID.setText("");
        jl1.setText("* ");
    }
}
```

修改收支信息记录界面类 UpdateBalanceJPanel：

```
public class UpdateBalanceJPanel extends JPanel implements ActionListener,
FocusListener, ItemListener {
    Box box1, box2, box3, boxBase;
    JLabel jl, jlID, jlName, jlType, jlAmount, jlTime, jlUserName, jlNote, jl1,
jl2, jl3, jl4, jl5, jl6;
    JButton jbSubmit, jbReset;
    JTextField jtfID, jtfAmount, jtfNote;
    DateChooserJButton dcjTime;
    JComboBox jcbName, jcbType, jcbUserName;
    BalanceManage bm = new BalanceManage();
    BalanceTypeManage btm = new BalanceTypeManage();
    UserManage um = new UserManage();
    public UpdateBalanceJPanel() {
        jl1 = new JLabel("*");
        jl1.setForeground(Color.red);
        jl2 = new JLabel("*");
        jl2.setForeground(Color.red);
        jl3 = new JLabel("*");
        jl3.setForeground(Color.red);
        jl4 = new JLabel("*");
        jl4.setForeground(Color.red);
        jl5 = new JLabel("*");
        jl5.setForeground(Color.red);
        jl6 = new JLabel("*");
        jl6.setForeground(Color.red);
        jl = new JLabel("修改收支记录信息");
        jl.setFont(new Font("宋体", Font.BOLD, 25));
        jl.setForeground(Color.blue);
        jl.setBounds(180, 10, 220, 80);
        add(jl);
        jlID = new JLabel("收支编号：");
        jlName = new JLabel("收支名称：");
        jlType = new JLabel("收支类型：");
        jlAmount = new JLabel("交易金额：");
        jlTime = new JLabel("交易时间：");
        jlUserName = new JLabel("交易用户：");
        jlNote = new JLabel("备注信息：");
        jbSubmit = new JButton("修改");
        jbReset = new JButton("重置");
        jbSubmit.addActionListener(this);
        jbReset.addActionListener(this);
        jtfID = new JTextField();
        jcbName = new JComboBox(bm.getBalanceNames());
        jcbName.addItemListener(this);
        jcbType = new JComboBox(btm.getTypesById(null));
        jtfAmount = new JTextField();
        dcjTime = new DateChooserJButton();
        jcbUserName = new JComboBox(um.getUserNamesById(null));
```

```
        jtfNote = new JTextField();
        jtfID.addFocusListener(this);
        jtfAmount.addFocusListener(this);
        box1 = Box.createVerticalBox();
        box1.add(jlID);
        box1.add(Box.createVerticalStrut(20));
        box1.add(jlName);
        box1.add(Box.createVerticalStrut(20));
        box1.add(jlType);
        box1.add(Box.createVerticalStrut(20));
        box1.add(jlAmount);
        box1.add(Box.createVerticalStrut(20));
        box1.add(jlTime);
        box1.add(Box.createVerticalStrut(18));
        box1.add(jlUserName);
        box1.add(Box.createVerticalStrut(18));
        box1.add(jlNote);
        box2 = Box.createVerticalBox();
        box2.add(jtfID);
        box2.add(Box.createVerticalStrut(8));
        box2.add(jcbName);
        box2.add(Box.createVerticalStrut(8));
        box2.add(jcbType);
        box2.add(Box.createVerticalStrut(8));
        box2.add(jtfAmount);
        box2.add(Box.createVerticalStrut(8));
        box2.add(dcjTime);
        box2.add(Box.createVerticalStrut(8));
        box2.add(jcbUserName);
        box2.add(Box.createVerticalStrut(8));
        box2.add(jtfNote);
        box3 = Box.createVerticalBox();
        box3.add(Box.createVerticalStrut(10));
        box3.add(jl1);
        box3.add(Box.createVerticalStrut(20));
        box3.add(jl2);
        box3.add(Box.createVerticalStrut(20));
        box3.add(jl3);
        box3.add(Box.createVerticalStrut(20));
        box3.add(jl4);
        box3.add(Box.createVerticalStrut(20));
        box3.add(jl5);
        box3.add(Box.createVerticalStrut(20));
        box3.add(jl6);
        boxBase = Box.createHorizontalBox();
        boxBase.add(box1);
        boxBase.add(box2);
        boxBase.setBounds(150, 80, 250, 250);
        add(boxBase);
        box3.setBounds(405, 80, 250, 200);
```

```
    add(box3);
    jbSubmit.setBounds(230, 335, 70, 30);
    add(jbSubmit);
    jbReset.setBounds(310, 335, 70, 30);
    add(jbReset);
    setBackground(Color.white);
    setLayout(null);
}
@Override
public void actionPerformed(ActionEvent e) {
    if (e.getSource() == jbReset) {
        init();
    }
    if (e.getSource() == jbSubmit) {
        if (jtfAmount.getText().equals("")) {
            JOptionPane.showMessageDialog(null, "必填项不能为空!");
        } else {
            Balance balance = new Balance();
            balance.setBalanceId(Integer.valueOf(jtfID.getText()));
            balance.setBalanceName((String) jcbName.getSelectedItem());
            String type = (String) jcbType.getSelectedItem();
            balance.setBalanceTypeId(btm.getTypeIdByName(type));
            balance.setBalanceMoney(Double.valueOf(jtfAmount. getText()));
            balance.setBalanceTime(dcjTime.getText());
            String userName = (String) jcbUserName.getSelectedItem();
            balance.setUserId(um.getUserIdByName(userName));
            balance.setBalanceNote(jtfNote.getText());
            bm.updateBalance(balance);
            init();
        }
    }
}
@Override
public void focusGained(FocusEvent e) {
}
@Override
public void focusLost(FocusEvent e) {
    if (e.getSource() == jtfID) {
        if (jtfID.getText().equals("")) {
            jl1.setText("* 收支编号不可以为空");
        } else {
            String id = jtfID.getText();
            if (bm.isExist(id)) {
                Balance balance = (Balance)(bm.getBalancesById(id)).get(0);
                jtfID.setText(String.valueOf(balance.getBalanceId()));
                String name = balance.getBalanceName();
                if ("收入".equals(name)) {
                    jcbName.setSelectedIndex(0);
                } else {
                    jcbName.setSelectedIndex(1);
```

```
                    }
                    String[] typeNames = btm.getTypesById(String.valueOf
(balance.getBalanceTypeId()));
                    jcbType.setSelectedItem(typeNames[0]);
                    jtfAmount.setText(String.valueOf(balance. getBalanceMoney()));
                    dcjTime.setText(balance.getBalanceTime());
                    String[] userNames = um.getUserNamesById(String. valueOf
(balance.getUserId()));
                    jcbUserName.setSelectedItem(userNames[0]);
                    jtfNote.setText(balance.getBalanceNote());
                    jl1.setText("*");
                    jtfID.setEditable(false); //收支信息展示后收支编号不可以被修改
                } else {
                    jl1.setText("* 不存在此收支编号信息");
                }
            }
        }
        if (e.getSource() == jtfAmount) {
            String amount = jtfAmount.getText();
            if (amount.equals("")) {
                jl4.setText("* 交易金额不可以为空");
            } else {
                double money = Double.parseDouble(amount);
                String name = (String) jcbName.getSelectedItem();
                if ("支出".equals(name) && money>0){
                    jl4.setText("* 支出的交易金额请设置为负数");
                } else if("收入".equals(name) && money<0){
                    jl4.setText("* 收入的交易金额请设置为正数");
                } else {
                    jl4.setText("*");
                }
                jl2.setText("*");
            }
        }
    }
    public void init() {
        jtfID.setEditable(true);
        jtfID.setText("");
        jcbName.setSelectedIndex(0);
        jcbType.setSelectedIndex(0);
        jtfAmount.setText("");
        dcjTime.setText("");
        jcbUserName.setSelectedIndex(0);
        jtfNote.setText("");
        jl1.setText("*");
        jl2.setText("*");
        jl3.setText("*");
        jl4.setText("*");
        jl5.setText("*");
        jl6.setText("*");
```

```
    }
    @Override
    public void itemStateChanged(ItemEvent e) {
        if (e.getSource() == jcbName) {
            String name = (String) jcbName.getSelectedItem();
            String amount = jtfAmount.getText();
            if (!amount.equals("")) {
                double money = Double.parseDouble(amount);
                if ("支出".equals(name) && money>0){
                    jl2.setText("* 支出的交易金额请修改为负数");
                } else if("收入".equals(name) && money<0){
                    jl2.setText("* 收入的交易金额请修改为正数");
                } else {
                    jl2.setText("*");
                }
                jl4.setText("*");
            } else {
                jl2.setText("*");
            }
        }
    }
}
```

查询收支信息记录界面类 SeekBalanceJPanel：

```
public class SeekBalanceJPanel extends JPanel implements ActionListener {
    JTable jt;
    JLabel jl, jl1, jlID;
    JTextField jtfID;
    JComboBox comBox;
    JButton jbSeek;
    JScrollPane js;
    public SeekBalanceJPanel() {
        jl = new JLabel("查询收支记录信息");
        jl.setFont(new Font("宋体", Font.BOLD, 25));
        jl.setForeground(Color.blue);
        jl.setBounds(200, 0, 220, 60);
        add(jl);
        jl1 = new JLabel("查询方式：");
        jl1.setBounds(90, 70, 70, 25);
        add(jl1);
        comBox = new JComboBox();
        comBox.addItem("根据收支编号");
        comBox.addItem("查询全部");
        comBox.setBounds(150, 70, 110, 25);
        comBox.addActionListener(this);
        add(comBox);
        jlID = new JLabel("收支编号：");
        jlID.setBounds(280, 70, 100, 25);
```

```
        add(jlID);
        jtfID = new JTextField();
        jtfID.setBounds(340, 70, 150, 25);
        add(jtfID);
        jbSeek = new JButton("查询");
        jbSeek.addActionListener(this);
        jbSeek.setBounds(505, 68, 70, 30);
        add(jbSeek);
        jt = new JTable(new BalanceTableModel());
        js = new JScrollPane(jt);
        js.setBounds(30, 120, 600, 240);
        add(js);
        setBackground(Color.white);
        setLayout(null);
    }
    @Override
    public void actionPerformed(ActionEvent e) {
        if (e.getSource() == comBox) {
            if (comBox.getSelectedIndex() == 0) {
                jtfID.setEditable(true);
            }
            if (comBox.getSelectedIndex() == 1) {
                jtfID.setText("");
                jtfID.setEditable(false);
            }
        }
        if (e.getSource() == jbSeek) {
            if (comBox.getSelectedIndex() == 0 && jtfID.getText().equals("")) {
                JOptionPane.showMessageDialog(null, "必填项不能为空!");
            } else {
                jt.setModel(new BalanceTableModel(jtfID.getText()));
            }
        }
    }
    public void init() {
        jtfID.setText("");
        comBox.setSelectedIndex(0);
        jt.setModel(new BalanceTableModel());
    }
}
```

17.3 项目总结

1. 需求分析

需求分析是软件开发的开始阶段,在软件开发中占有非常重要的地位。需求分析就是分析软件用户的需求是什么,如果需求分析出了差错,致使投入了大量的人力、物力、财力和时间开发出来的软件最后却不能满足用户的需求,那会造成巨大的损失。

在项目需求中说明了家庭财务管理系统的重要性和必要性。在需求描述中，以家庭财务管理为例，描述了用户登录、管理个人信息、管理收支记录等整个过程。通过对需求分析的了解，让学生了解家庭财务管理业务知识，培养学生对系统的开发兴趣，便于以后的系统开发顺利开展。

在系统分析设计中，通过需求描述抽取系统功能，根据功能将模块划分为以下几类：个人信息维护、用户管理、收支信息管理等。

2. 概要设计

概要设计主要是将用户需求转换为未来的系统，概要设计中需要明确下面 3 点。

(1) 技术架构：概要设计中需要明确系统采用的技术是什么。例如，用什么开发技术框架、数据库等。

(2) 功能模块划分：要进行进一步开发，功能模块的细化必须在概要设计中完成。概要设计中功能模块需要说明模块中用到了哪些类，这些类的功能是什么，类与类之间的调用关系。模块的输入数据是什么，输出数据是什么同时也要在概要设计的模块划分中进行明确。

(3) 数据库设计：数据库有哪些表，以及表的具体结构、表与表之间的关系都要在概要设计阶段完成。

概要设计确定了系统的大方向及系统的技术构成。详细设计是以概要设计为基础的一个细化过程。

家庭财务管理系统的概要设计包括了以上所提到的方面。

(1) 技术架构：家庭财务管理系统采用 C/S 结构，系统的程序架构将会分为三层，配合 MySQL 数据库。在设计中采用 MVC 的架构思想，其中，Model 包中包含系统所有数据库实体类；View 包中包含系统所有界面窗体，属于表示层；Control 包中包含所有系统资源、业务处理类和数据库连接类。

(2) 功能模块划分：系统管理员登录、普通用户注册登录、用户管理、收支信息管理、理财信息管理、收支类别设置、理财类别设置、个人信息维护等。

(3) 数据库设计：各个数据库表的设计，以及表间的关联。

3. 详细设计

详细设计的主要任务是逐个对各个层次中的每个功能模块进行功能细节设计和系统调用函数功能设计，可以采用 IPO 图描述程序功能，完成程序的性能要求。采用 UML 类图描述项目中用到的类的属性、方法、类间关系等详细内容。参照这些完成软件界面设计、模块数据表设计、类代码编写等工作，实现程序代码化。通过对功能的实现，进一步提高学生对 Java 编程的熟练程度，加强学生对开发规范的认识，提高学生分析问题和解决问题的能力，锻炼学生软件开发思维方式，增加学生的学习兴趣，引导学生对就业前景的思考。

4. 项目测试

项目测试的主要任务是理解产品的功能要求，并对其进行测试，检查软件有没有错误，决定软件是否具有稳定性，写出软件测试相应的测试规范和测试用例。测试工作要经过单元测试、集成测试、系统测试、验收测试和回归测试。

测试人员应完成的工作有 6 个。

(1) 编写软件测试计划，搭建测试环境。

(2) 编写软件测试用例,执行测试用例。

(3) 提交测试缺陷、跟踪缺陷及编写测试报告。

(4) 准确地定位并跟踪问题,推动问题及时合理地解决。

(5) 制定性能测试方案、性能测试。

(6) 参与系统需求分析、设计、变更。

软件开发完成后通过对该系统进行全面仔细的检查测试,设计各种测试用例,有效地检查出系统存在的问题,进一步改进系统,提高软件质量。同时进一步提高学生的创新性和综合分析能力,具备判断准确、追求完美、执着认真、善于合作的品质,丰富编程经验,提高检查故障的能力。

5. 项目后记

至此,项目已经基本完成。部分功能如理财信息管理、收支类型和理财类型的管理等与已实现的其他功能相似,留给读者自行完善。

通过本项目可以加深对分层概念的理解和学习,熟悉项目的总体结构和编写流程。在理解业务流程的基础上加深对控件的应用,熟练对数据库的相关操作。项目重点是培养学生进行需求分析设计能力、业务接受能力、编码能力的锻炼,希望此项目能对读者的 Java 学习有所帮助。

图书资源支持

感谢您一直以来对清华版图书的支持和爱护。为了配合本书的使用，本书提供配套的资源，有需求的读者请扫描下方的"书圈"微信公众号二维码，在图书专区下载，也可以拨打电话或发送电子邮件咨询。

如果您在使用本书的过程中遇到了什么问题，或者有相关图书出版计划，也请您发邮件告诉我们，以便我们更好地为您服务。

我们的联系方式：

清华大学出版社计算机与信息分社网站：https://www.shuimushuhui.com/

地　　址：北京市海淀区双清路学研大厦 A 座 714

邮　　编：100084

电　　话：010-83470236　010-83470237

客服邮箱：2301891038@qq.com

QQ：2301891038（请写明您的单位和姓名）

资源下载：关注公众号"书圈"下载配套资源。

资源下载、样书申请

书圈

图书案例

清华计算机学堂

观看课程直播